PKPM系列软件应用指南丛书

砌体结构CAD原理及疑难问题解答

陈岱林　金新阳　张志宏

编著

中国建筑工业出版社

图书在版编目(CIP)数据

砌体结构CAD原理及疑难问题解答/陈岱林等编著.
北京：中国建筑工业出版社，2004
(PKPM系列软件应用指南丛书)
ISBN 7-112-06815-0

Ⅰ.砌… Ⅱ.陈… Ⅲ.砌体结构—计算机辅助设计—应用软件—问答 Ⅳ.TU360.4

中国版本图书馆CIP数据核字(2004)第088210号

PKPM系列软件应用指南丛书
砌体结构CAD原理
及疑难问题解答
陈岱林 金新阳 张志宏 编著
*
中国建筑工业出版社出版、发行(北京西郊百万庄)
新 华 书 店 经 销
北京市彩桥印刷有限责任公司印刷
*
开本：850×1168毫米 1/32 印张：4¼ 字数：110千字
2004年10月第一版 2005年10月第四次印刷
印数：14 501—17 000册 定价：**17.00**元
ISBN 7-112-06815-0
TU·6062 (12769)

本社网址：http://www.china-abp.com.cn
网上书店：http://www.china-building.com.cn

本书重点讲解砌体结构 CAD 原理，并在总结 PKPM 2002 新规范版砌体结构 CAD 软件近一年多实际应用经验的基础上，针对用户经常遇到和关心的问题，讲解砌体结构 CAD 原理和软件的应用知识。

本书重点讲授概念的理解和新规范的应用，把程序编制原理和用户常见问题分门别类进行组织和讲解，使读者能够快速掌握砌体 CAD 软件的内核。

本书内容简明扼要，文字深入浅出，并带有例题讲述解决问题的具体步骤，适用于 PKPM 用户，结构设计、科研和审图人员阅读参考，还可作为高等院校土木类专业师生的参考书。

* * *

责任编辑：咸大庆　王　梅
责任设计：崔兰萍
责任校对：刘　梅　黄　燕

《砌体结构CAD原理及疑难问题解答》编委会名单

主　编　陈岱林

副主编　金新阳　张志宏

成　员　陈岱林　金新阳　张志宏　秦　东

黄立新　邵　弘　顾维平　黄吉锋

PKPM CAD 系统是中国建筑科学研究院 PKPM CAD 工程部研制的集建筑、结构、设备各专业 CAD 软件于一体的大型 CAD 系统，其结构 CAD 软件不但在中国大陆拥有广泛的用户群体和极高的市场占有率，而且已经销往中国香港、台湾地区，以及新加坡、韩国等东南亚国家。

砌体结构是建筑工程中量大面广最常用的结构形式，在 PKPM系统中，不同类型的砌体房屋采用不同软件或者由两个软件协作完成结构设计，具有砌体结构设计功能的软件有 PMCAD、QIK、SATWE、TAT 和 PK，各软件适用范围如下：

PMCAD：砖砌体房屋结构设计；底部框架-抗震墙房屋上部砖砌体结构设计。

QIK：小砌块房屋结构设计；底部框架-抗震墙房屋上部小砌块砌体结构设计。

SATWE：底部框架-抗震墙房屋底部框架-抗震墙部分三维分析和设计（抗震墙采用墙元模型）。

TAT：底部框架-抗震墙房屋底部框架-抗震墙部分三维分析和设计（抗震墙采用薄壁杆件模型）。

PK：底部框架-抗震墙房屋底部框架二维分析和设计。

2002 年，伴随《建筑结构荷载规范》（GB 50009—2001）、《建筑抗震设计规范》(GB 50011—2001)、《砌体结构设计规范》（GB 50003—2001）、《混凝土结构设计规范》（GB 50010—2002）

的贯彻实施，PKPM 砌体结构 CAD 软件升级为 2002 新规范版。新规范版软件在结构计算、配筋设计等方面全面、正确地实现了新规范的各项要求，经过近一年多的改进完善和实际工程检验，目前该软件已成为结构工程师从事砌体结构设计不可或缺的辅助工具。

本书重点讲授砌体结构 CAD 的基本概念和程序编制原理，并在总结 PKPM 2002 新规范版砌体结构 CAD 软件近一年多实际应用经验的基础上，针对用户经常遇到和关心的问题，以问答方式深入浅出地探讨砌体结构 CAD 软件新规范版的常用功能和程序内核。全书由 8 章组成：

第 1 章　水平地震作用计算和楼层地震剪力分配

第 2 章　墙体抗震抗剪承载力验算

第 3 章　竖向导荷和墙体受压承载力验算

第 4 章　砌体局部受压计算

第 5 章　底部框架-抗震墙房屋

第 6 章　小砌块房屋

第 7 章　圈梁设置与圈梁、构造柱、芯柱构造详图

第 8 章　结构建模、复杂体型砌体房屋力学模型

书中每章有两部分内容，第一部分讲述基本原理；第二部分为问题解答。问题的提出主要来自三个方面：(1) 设计实践中用户遇到和关心的共性问题；(2) 为使用户深入了解软件内核而专门设计的问题；(3) 新规范拓展应用，如连续梁中部支座局部承压、非连续墙梁设计等规范未明确讲述的问题。书中还给出大量例题讲述解决具体问题的实用方法和计算步骤。

通过本书学习，不同层面的读者都能汲取到最新设计知识。对于初学者，能够概括了解软件的编制原理和各种主要功能；对于中、高级用户，能够深入地了解软件内核，可在设计中更加得心应手地使用软件。

由于作者水平有限，对书中疏漏和不当之处，敬请读者批评指正。

作　者

目 录

第1章　水平地震作用计算和楼层地震剪力分配

1.1　基本原理

多层砌体房屋、底部框架房屋的抗震计算，采用底部剪力法。采用底部剪力法时，结构的水平地震作用标准值，按下列公式确定：

$$F_{\mathrm{Ek}}=\alpha_1 G_{\mathrm{eq}} \tag{1-1}$$

$$F_i=\frac{G_i H_i}{\sum_{j=1}^{n} G_j H_j}F_{\mathrm{Ek}} \tag{1-2}$$

$$(i=1,\ 2,\ \cdots\cdots n)$$

式中 F_{Ek}——结构总水平地震作用标准值；

α_1——相应于结构基本自振周期的水平地震影响系数，对多层砌体房屋、底部框架房屋取最大值 $\alpha_{\max}$，在《建筑抗震设计规范》(GB 50011—2001)(以下简称《抗震规范》)表5.1.4-1中取多遇地震值；

G_{eq}——结构等效总重力荷载，单质点取总重力荷载代表值，多质点取总重力荷载代表值的85%；

F_i——质点 i 的水平地震作用标准值；

G_i、G_j——分别为集中于质点 i、j 的重力荷载代表值；

H_i、H_j——分别为质点 i、j 的计算高度。

民用建筑每层的重力荷载代表值包括本层楼面恒载(楼板自重已包括在恒载中)、上下半层的墙体自重及50%的楼面活载。

突出屋面的屋顶间的地震作用，乘以增大系数η，此增大部分不往下传递，但与该突出部分相连的构件应予以计入。η在程序中由下面公式计算：

$$\eta=3.5\left(1-\frac{A'}{A}\right),\ 1\leqslant\eta\leqslant3 \tag{1-3}$$

式中 A'——屋顶间平面面积；

A——与屋顶间相邻楼层平面面积。

当建模包括地下室或半地下室时，结构的嵌固端在地下室上部，嵌固端以下地下室部分的重力荷载不参与地震作用计算，所以该部分不产生水平地震作用，但作用有上部结构传下的地震剪力。

楼层剪力：第i层的地震剪力

$$V_i=\sum_{k=i}^{n}F_k \tag{1-4}$$

结构的楼层水平地震剪力，先在大片墙间分配，然后再分到大片墙中的墙段。所谓大片墙是指包括门窗洞口的整片墙体。

大片墙间楼层水平地震剪力按下列原则分配：

◆ 现浇和装配整体式混凝土楼、屋盖等刚性楼盖建筑，按大片墙等效刚度的比例分配。

◆ 木楼盖、木屋盖等柔性楼盖建筑，按大片墙从属面积上重力荷载代表值的比例分配。

◆ 普通的预制装配式混凝土楼、屋盖等半刚性楼盖建筑，取上述两种分配结果的平均值。

大片墙中各墙段承担的大片墙地震剪力按各墙段等效侧向刚度比例分配，墙段等效侧向刚度按下列原则确定：

◆ 刚度的计算计及高宽比的影响。高宽比小于1时，只计算剪切变形；高宽比不大于 4 且不小于 1 时，同时计算弯曲和剪切变形；高宽比大于 4 时，等效侧向刚度取 0.0。墙段的高宽比指层高与墙长之比，对门窗洞边的小墙段指洞净高与洞侧墙宽之比。

◆ 墙段按门窗洞口划分。

(1) 刚性楼盖房屋楼层水平地震剪力分配

1) 沿任意方向地震(包括斜墙方向)大片墙承担的地震剪力

图 1-1 中，设 i 层有一斜墙与 x'轴方向相同，与 x 轴的夹角为 α；第 m 片墙与 x 轴的夹角为 β_{im}，与 x'轴的夹角为 γ_{im}，$\gamma_{im}=\beta_{im}-\alpha$。当沿 x'方向(斜墙方向)地震时，第 m 片墙承担的沿墙体方向的地震剪力为(略去推导过程)：

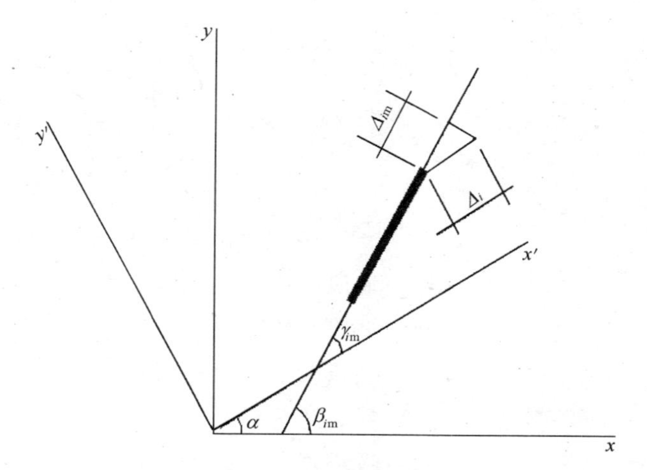

图 1-1 任意方向地震时斜墙位移

$$V_{im}=\frac{K_{im}\cos\gamma_{im}}{\Sigma K_{im}\cos^2\gamma_{im}}V_i \tag{1-5}$$

式中 V_{im}——第 m 片墙地震剪力；

K_{im}——第 m 片墙抗侧力刚度；

V_i——i 层水平地震剪力。

由于大片墙以剪切变形为主，计算抗侧力刚度时仅考虑剪切变形的影响，假定每层各大片墙砌体强度等级和砂浆强度等级相同，则有：

$$V_{im}=\frac{A_{im}\cos\gamma_{im}}{\Sigma A_{im}\cos^2\gamma_{im}}V_i \tag{1-6}$$

式中 A_{im}——第 m 大片墙净截面积。

2）大片墙中各墙段剪力

$$V_{im}^j=\frac{K_{im}^j}{\Sigma K_{im}^j}V_{im} \tag{1-7}$$

式中 V_{im}^j——i 层第 m 大片墙 j 墙段承担的地震剪力；

V_{im}——i 层第 m 大片墙承担的地震剪力；

K_{im}^j——i 层第 m 大片墙 j 墙段抗侧力刚度：

当 $\rho=\frac{h}{b}<1$ 时，$K_{im}^j=\frac{EA}{3h}$ (1-8)

当 $1\leqslant\rho=\frac{h}{b}\leqslant 4$ 时，$K_{im}^j=\frac{EA}{3h\left(1+\frac{Ah^2}{36I}\right)}$ (1-9)

当 $\rho=\frac{h}{b}>4$ 时，$K_{im}^j=0$ (1-10)

其中 A——墙段面积；

I——墙段惯性矩；

h——墙段高；

b——墙段宽；

E——墙体弹性模量。

如在一个墙段内，墙体厚度不变，则：

当 $\rho=\frac{h}{b}<1$ 时，$K_{im}^j=\frac{Et}{3\rho}$ (1-11)

当 $1\leqslant\rho=\frac{h}{b}\leqslant 4$ 时，$K_{im}^j=\frac{Et}{\rho^3+3\rho}$ (1-12)

当 $\rho=\frac{h}{b}>4$ 时，$K_{im}^j=0$ (1-13)

其中　t——墙段厚。

ΣK_{im}^{j}——i 层第 m 大片墙各墙段抗侧力刚度之和。

（2）柔性楼盖房屋楼层水平地震剪力分配

1）沿任意方向地震（包括斜墙方向）大片墙承担的地震剪力

参考图 1-1，当沿 x' 方向（斜墙方向）地震时，i 层第 m 片墙承担的沿墙体方向的地震剪力为（略去推导过程）：

$$V_{im}=\frac{G_{im}\cos\gamma_{im}}{\Sigma G_{im}\cos^{2}\gamma_{im}}V_{i} \tag{1-14}$$

式中　V_{im}——第 m 大片墙地震剪力；

G_{im}——第 m 大片墙承担的 i 层以上（含 i 层）重力荷载代表值；

V_{i}——i 层楼层水平地震剪力。

2）大片墙中各墙段剪力

同刚性楼面房屋，按各墙段等效侧向刚度比例分配。

（3）半刚性楼盖房屋楼层水平地震剪力分配

半刚性楼盖房屋 i 层第 m 大片墙地震剪力等于按刚性楼盖房屋计算的地震剪力和按柔性楼盖房屋计算的地震剪力的平均值。半刚性楼盖房屋大片墙中各墙段剪力，同刚性楼盖房屋，按各墙段等效侧向刚度比例分配。

1.2　问题解答

1.2.1　为什么在交互输入中输入不同的地震分组和不同的场地类别，砌体结构抗震计算的结果都一样？

PMCAD 交互式输入适用于各种类型结构的建模，其参数输入要兼顾各种结构。图 1-2 为 PMCAD 主菜单①PM 交互式输入设计参数对话框地震信息页的输入参数。

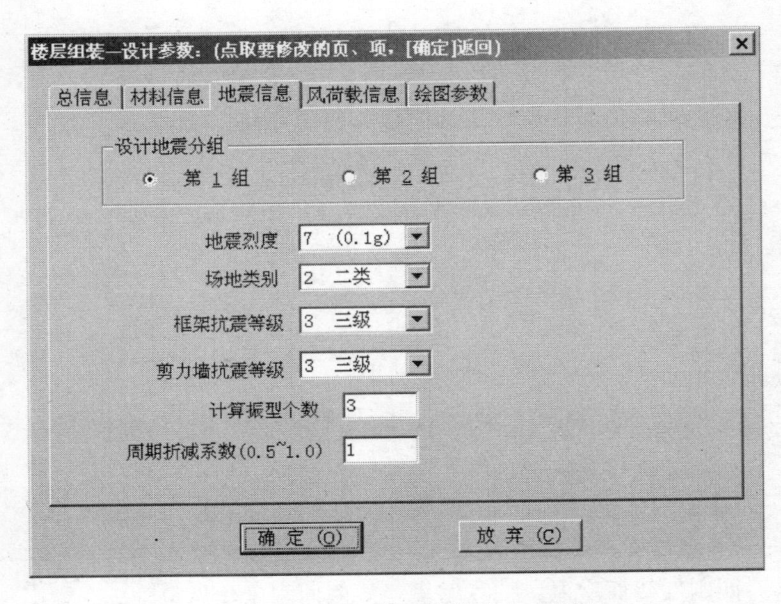

图 1-2　PMCAD 设计参数输入对话框

对于多、高层钢筋混凝土结构和钢结构，采用振型分解法计算地震作用，地震影响系数由地震烈度、场地类别、设计地震分组等参数确定；对于砌体结构，采用基底剪力法计算地震作用，地震影响系数取最大值 $\alpha_{\max}$，而 $\alpha_{\max}$ 仅与地震烈度有关，与场地类别、设计地震分组无关。图 1-3 为 PMCAD 主菜单⑧砖混结构抗震及其他计算砌体结构计算数据对话框中的输入参数。在该对话框中，与地震有关的参数仅有地震烈度一项，说明砌体结构抗震计算仅需要这一个参数。

所以，当地震烈度确定后，在交互式输入中输入的场地类别、设计地震分组参数在砌体结构抗震计算中不起作用。

1.2.2　地震烈度是否可以输入任意值?

《抗震规范》1.0.5 条规定，对已编制抗震设防区划的城市，

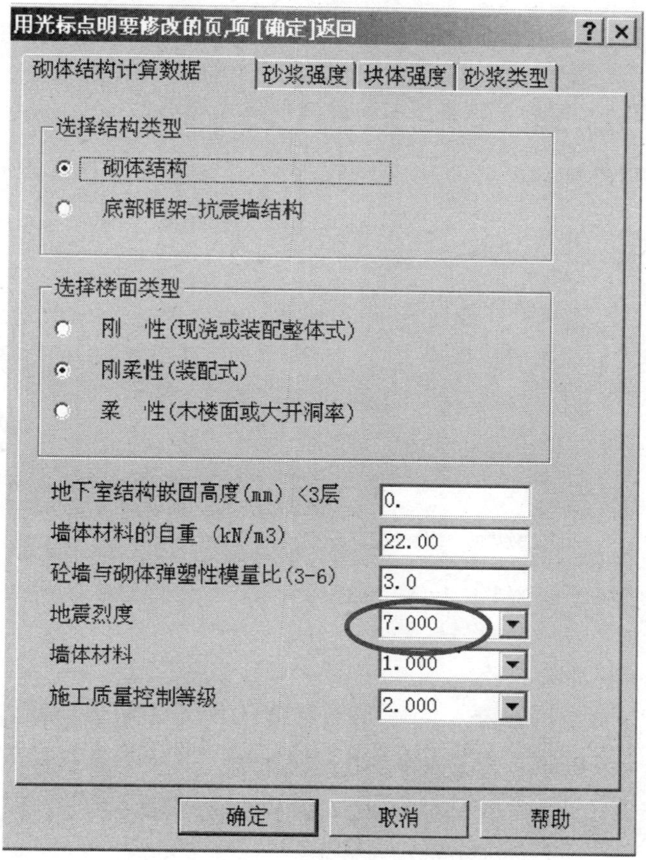

用光标点明要修改的页,项 [确定]返回

砌体结构计算数据 | 砂浆强度 | 块体强度 | 砂浆类型

选择结构类型
- 砌体结构
- 底部框架-抗震墙结构

选择楼面类型
- 刚　性(现浇或装配整体式)
- 刚柔性(装配式)
- 柔　性(木楼面或大开洞率)

地下室结构嵌固高度(mm) <3层　0.
墙体材料的自重 (kN/m3)　22.00
砼墙与砌体弹塑性模量比(3-6)　3.0
地震烈度　7.000
墙体材料　1.000
施工质量控制等级　2.000

确定　取消　帮助

图 1-3　PMCAD 砌体结构计算数据输入对话框

可按批准的抗震设防烈度或设计地震动参数进行抗震设防。

PMCAD 允许地震烈度输入任意值，程序根据输入的地震烈度按以下插值公式计算水平地震影响系数最大值：

$$\alpha_{\max}=\begin{cases}0.04(x-5) & (6\leqslant x\leqslant 7)\\ 0.08(x-6) & (7<x\leqslant 8)\\ 0.16(x-7) & (8<x\leqslant 9)\end{cases} \tag{1-15}$$

式中　$\alpha_{\max}$——水平地震影响系数最大值；

x——地震烈度。

1.2.3　如何计算各楼层的重力荷载代表值？

民用建筑每层的重力荷载代表值包括本层楼面恒载（楼板自重已包括在恒载中）、上下半层的墙体自重及50%的楼面活载。

（1）墙体自重计算

墙体布置在网格线段上，i 片墙的自重为：

$$w_i = \gamma l_i h t_i \tag{1-16}$$

式中　w_i——i 片墙自重；

γ——墙体重度；

l_i——i 片墙所在网格线段长度；

h——层高；

t_i——i 片墙厚度。

（2）楼面荷载计算

楼面荷载包括各房间均布荷载及作用在楼面位置的其他荷载。第 i 个房间内楼面均布荷载的重量为：

$$w_{qi} = qA_i \tag{1-17}$$

式中　w_{qi}——i 房间均布荷载重量；

q——均布荷载值；

A_i——房间面积。

1.2.4　单层和多层砌体结构地震作用计算结构等效总重力荷载取值有什么区别？

单层房屋结构等效总重力荷载取总重力荷载代表值，多层房屋结构等效总重力荷载取总重力荷载代表值的85%。

1.2.5 为什么在计算书中总重力荷载代表值不等于(墙体总自重荷载＋楼面总恒荷载)＋50%楼面总活荷载？

结构总重力荷载代表值 $G=\Sigma G_i$，G_i 为 i 层重力荷载代表值，G_i 取本层楼面恒载＋50%楼面活载＋50%相邻上下层墙自重。

计算书中输出的墙体总重量包括了底层下半层的墙体自重，而此部分重量不参与地震作用计算。所以，总重力荷载代表值的计算公式为：

总重力荷载代表值＝(墙体总自重荷载－50%底层墙体自重荷载＋楼面总恒荷载)＋50%楼面总活荷载

【例题 1-1】 某六层砌体结构计算书输出的部分计算结果如下，求总重力荷载代表值并校验结构等效总重力荷载。

＊＊＊ 结构计算总结果 ＊＊＊

结构等效总重力荷载代表值：	9391.1
墙体总自重荷载：	6672.0
楼面总恒荷载：	3865.0
楼面总活荷载：	1622.8
水平地震作用影响系数：	0.080
结构总水平地震作用标准值（kN）：	751.3

—第 1 层计算结果—

本层层高(mm)：	5000.0
本层重力荷载代表值(kN)：	2207.6
本层墙体自重荷载标准值(kN)：	600.0
本层楼面恒荷载标准值(kN)：	1165.0
本层楼面活荷载标准值(kN)：	270.8
本层水平地震作用标准值(kN)：	63.2
本层地震剪力标准值(kN)：	751.3
本层块体强度等级 MU：	10.0

本层砂浆强度等级 M：　　　　　　　　　　10.0

【解】 总重力荷载代表值＝(6672.0－600/2＋3865.0)

＋1622.8/2

＝10237.0＋811.4

＝11048.4kN

结构等效总重力荷载＝0.85×总重力荷载代表值

＝0.85×11048.4

＝9391.14kN

结构等效总重力荷载与计算书输出值相同。

1.2.6 结构建模时如何定义屋顶间？屋顶间的地震作用如何放大？

建模时不需定义屋顶间，屋顶间当作普通楼层输入即可。当顶层平面面积与相邻楼层平面面积之比小于 0.714 时，程序将顶层判定为屋顶间，自动对顶层地震作用乘以放大系数 η：

$$\eta=3.5\left(1-\frac{A'}{A}\right)\quad(1\leqslant\eta\leqslant3)\tag{1-18}$$

式中 A'——屋顶间平面面积；

A——与屋顶间相邻楼层平面面积。

此地震作用增大部分不往下传递。当顶层平面面积与相邻楼层平面面积之比大于 0.714 时，顶层地震作用不放大。

1.2.7 当全地下室或半地下室作为一层输入时砌体结构如何计算地震作用？

对有地下室或半地下室的砌体房屋，结构建模时可把地下室作为结构层输入，程序将地下室底平面高度内定为±0.000。执行 PMCAD 主菜单⑧进行结构计算时，在数据输入对话框中有一个地下室结构嵌固高度(mm)参数(见图 1-4)，用户应根据实际情况将该参数设定为结构嵌固端相对地下室底平面(±0.000)的高度。

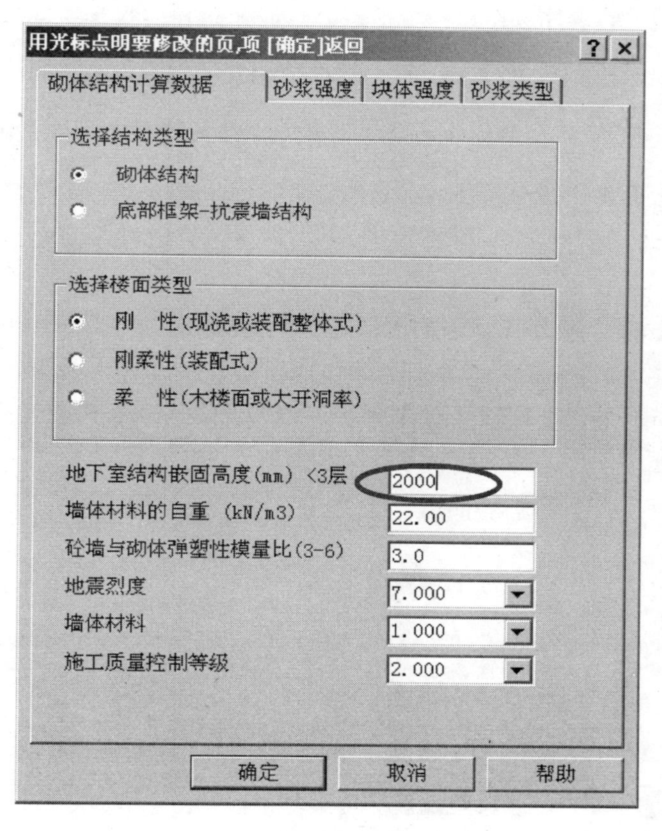

图 1-4　地下室结构嵌固高度参数输入

当输入的嵌固高度大于 0，在计算结构总重力荷载代表值时将不计入嵌固端以下部分的结构重力荷载；在计算各层水平地震作用标准值时，楼层的计算高度为楼层相对地下室底平面高度减去该嵌固高度。地下室的这种处理方法，一方面可保证正确计算结构的水平地震作用；另一方面，还可对地下室墙体进行受压承载力计算并正确地把上部荷载传给基础。

如果结构建模包括了地下室，程序在计算结构总层数和总高度时就计入了地下室层数和高度。当结构总层数或总高度超过规范限值时，程序会给出警告信息。这时，用户应根据实际情况对警告信息作出判断。

1.2.8 正交结构楼层水平地震剪力是如何分配的?

所谓正交结构就是所有墙体横平竖直，要么平行于 x 轴要么平行于 y 轴，这类结构需要对 x、y 两个方向的地震进行抗震验算。

在式(1-6)和式(1-14)中，当 x 方向地震时，所有平行于 x 轴的墙体 $\gamma_{im}=0$，所有平行于 y 轴的墙体 $\gamma_{im}=90°$；当 y 方向地震时，所有平行于 x 轴的墙体 $\gamma_{im}=-90°$，所有平行于 y 轴的墙体 $\gamma_{im}=0$。由式(1-6)和式(1-14)，可得：

(1) 刚性楼盖房屋楼层水平地震剪力分配

$$V_{ixm}=\frac{A_{ixm}}{\Sigma A_{ixm}}V_i \tag{1-19}$$

$$V_{iym}=\frac{A_{iym}}{\Sigma A_{iym}}V_i \tag{1-20}$$

式中 V_{ixm}——i 层 x 方向第 m 大片墙承担的地震剪力；

V_{iym}——i 层 y 方向第 m 大片墙承担的地震剪力；

V_i——i 层层间地震剪力；

A_{ixm}——i 层 x 方向第 m 大片墙净截面积；

A_{iym}——i 层 y 方向第 m 大片墙净截面积；

ΣA_{ixm}——i 层 x 方向全部墙体净截面积之和；

ΣA_{iym}——i 层 y 方向全部墙体净截面积之和。

(2) 柔性楼盖房屋楼层水平地震剪力分配

$$V_{ixm}=\frac{G_{ixm}}{\Sigma G_{ixm}}V_i \tag{1-21}$$

$$V_{iym}=\frac{G_{iym}}{\Sigma G_{iym}}V_i \tag{1-22}$$

式中 V_{ixm}——i 层 x 方向第 m 大片墙承担的地震剪力；

V_{iym}——i 层 y 方向第 m 大片墙承担的地震剪力；

V_i——i 层层间地震剪力；

G_{ixm}——i 层 x 方向第 m 大片墙承担的 i 层以上（含 i 层）重力荷载代表值；

G_{iym}——i 层 y 方向第 m 大片墙承担的 i 层以上（含 i 层）重力荷载代表值；

ΣG_{ixm}——i 层 x 方向全部大片墙承担的 i 层以上（含 i 层）重力荷载代表值；

ΣG_{iym}——i 层 y 方向全部大片墙承担的 i 层以上（含 i 层）重力荷载代表值。

从式(1-19)～(1-22)不难看出，正交结构 x 方向地震产生的楼层剪力全部由 x 方向的砌体墙承担；y 方向地震产生的楼层剪力全部由 y 方向的砌体墙承担。

1.2.9 有斜墙时楼层水平地震剪力是如何分配的？

《抗震规范》强制性条文 5.1.1 条 2 款规定，有斜交抗侧力构件的结构，当相交角度大于 15°时，应分别计算各抗侧力构件方向的水平地震作用。

由于砌体结构采用基底剪力法计算水平地震作用，任一方向地震产生的地震作用都是相同的。但是，对于某一特定墙体，不同方向地震时其承受的楼层地震剪力是不同的。PMCAD 主菜单⑧计算每一墙体方向的地震，即对每一墙体方向地震产生的楼层水平剪力进行分配，然后对大片墙和大片墙中的墙段进行抗震验算。

可以证明，当结构沿某一墙体方向地震时，该方向墙体承担的地震剪力比结构沿任何其他方向地震时承担的地震剪力都要大。所以，墙体仅需对与自身方向一致的地震作用进行抗震验算。PMCAD 主菜单⑧输出的某一方向大片墙地震剪力就是沿该大片墙方向地震时，该大片墙所承担的地震剪力。

1.2.10 为什么有斜墙时各大片墙地震剪力在 *x* 轴或 *y* 轴的投影不等于楼层水平地震剪力？

PMCAD 主菜单⑧输出的 x 方向大片墙地震剪力是 x 方向地震时各片墙承担的地震剪力，y 方向大片墙地震剪力是 y 方向地震时各片墙承担的地震剪力，某一斜方向大片墙地震剪力是沿该斜方向地震时大片墙承担的地震剪力。所以，把斜墙地震剪力向 x 轴和 y 轴投影后，再分别与 x、y 方向墙体地震剪力相加，所求得的 x、y 方向地震剪力之和不等于沿 x、y 方向地震时楼层水平地震剪力。实际上，这种相加没有什么物理意义。

1.2.11 如何查看大片墙和大片墙中各墙段承担的水平地震剪力？

在 PMCAD 主菜单⑧中点取“墙剪力图”菜单项，程序生成墙体剪力设计值图。

图中大片墙剪力标注方向与大片墙垂直，各墙段剪力标注方向与墙段平行。图中剪力为设计值而非标准值，地震作用分项系数取 1.3，剪力单位为 kN。

墙体剪力设计值图的图形文件名为 ZV * .T，其中 * 代表层号。

执行完 PMCAD 主菜单⑧后，用户可通过 PMCAD 主菜单⑨图形编辑、打印及转换读取某层墙体剪力设计值图查看墙体剪力。

1.2.12 组合结构楼层地震剪力是如何在混凝土抗震墙和砌体抗震墙间分配的？

组合结构是指在砌体房屋中设置少量竖向连续钢筋混凝土剪力墙的多层砌体结构。程序通过用户输入的混凝土墙与砌体弹塑性模量比参数（图 1-5），提供了一种近似方法在混凝土墙和砌体墙间分配地震层间剪力：假设组合结构为刚性楼盖，混凝土墙和砌体墙承担的层间地震剪力按各抗侧力构件的有效侧向刚度比例分配确定；有效侧向刚度的取值，砌体墙不折减，混凝土墙乘以折减系数。剪力分配实际是由构件的相对侧向刚度决定的。程序在计算砌体侧向刚度时，取砌体弹性模量为 1；在计算混凝土墙侧向刚度时，取混凝土弹性模量为实际混凝土弹性模量与实际砌体弹性模量之比并乘以折减系数。

参数混凝土墙与砌体弹塑性模量比（3-6）取值 c，实际上相当于：

$$c=\eta\frac{E_c}{E_m} \tag{1-23}$$

式中 c——混凝土墙与砌体弹塑性模量比；

η——混凝土墙侧向刚度折减系数；

E_c——混凝土墙弹性模量；

E_m——砌体弹性模量。

在组合结构中，由于混凝土墙可以承担较多的地震剪力，砌体墙容易满足抗震要求。但应当注意的是内浇外砌结构不属于组合结构。

目前，《抗震规范》和《砌体结构设计规范》（GB 50003—2001）（以下简称《砌体规范》）对组合结构抗震设计没有明确规定，对于有地方规程的地区，用户应依据地方标准进行抗震计算，并注意构造措施，设置适当的构造柱和圈梁，保证结构具有

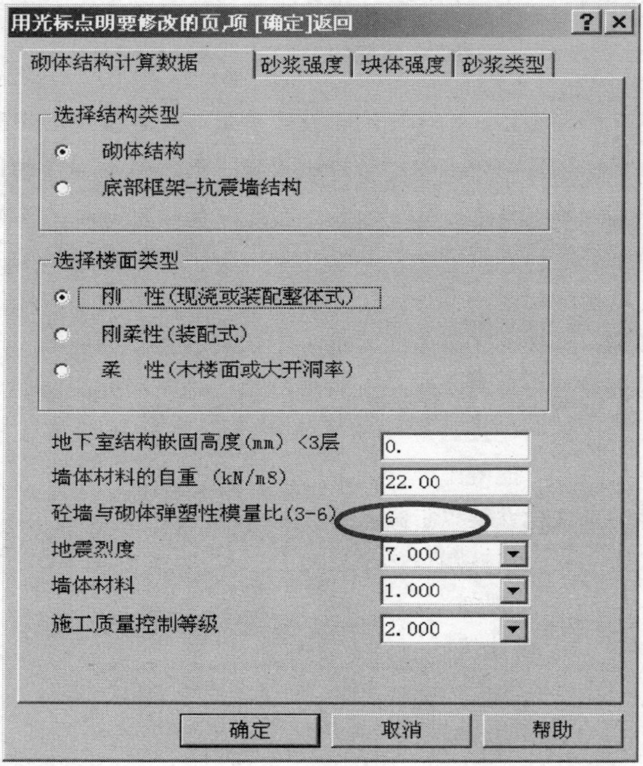

图 1-5　混凝土墙与砌体弹塑性模量比参数输入

足够的整体性，使混凝土墙和砌体墙在地震时能协同工作；对于没有地方规程的地区，用户应注意当地审图公司对组合结构的要求。

第2章　墙体抗震抗剪承载力验算

2.1　基本原理

各类砌体沿阶梯形截面破坏的抗震抗剪强度设计值，按下式确定：

$$f_{VE}=\xi_N f_V \tag{2-1}$$

式中　f_{VE}——砌体沿阶梯形截面破坏的抗震抗剪强度设计值；

f_V——按《砌体规范》3.2.3条修正后的非抗震设计砌体抗剪强度设计值；

ξ_N——砌体抗震抗剪强度的正应力影响系数，对砖砌体：

$$\xi_N=\frac{1}{1.2}\sqrt{1+0.45\sigma_0/f_V} \tag{2-2}$$

对混凝土小砌块砌体：

$$\xi_N=\begin{cases}1+0.25\sigma_0/f_V & (\sigma_0/f_V\leqslant 5)\\ 2.25+0.17(\sigma_0/f_V-5) & (\sigma_0/f_V>5)\end{cases} \tag{2-3}$$

式中　σ_0——对应于重力荷载代表值的砌体截面平均压应力。

烧结砖、蒸压砖墙体的截面抗震承载力按下式验算：

$$V\leqslant\frac{1}{\gamma_{RE}}[\eta_c f_{VE}(A-A_c)+\zeta f_t A_c+0.08 f_y A_s] \tag{2-4}$$

式中　V——墙体剪力设计值；

γ_{RE}——承载力抗震调整系数，一般取 1.0；当墙体两端均有构造柱时，取 0.9；自承重墙取 0.75；

η_c——墙体约束修正系数；一般情况取 1.0，构造柱间距不大于 2.8m 时，取 1.1；

f_{VE}——砖砌体沿阶梯形截面破坏的抗震抗剪强度设计值；

A——墙体横截面面积，多孔砖取毛截面面积；

A_c——中部构造柱的横截面总面积（对横墙和内纵墙，A_c ＞0.15A 时，取 0.15A；对外纵墙 A_c＞0.25A 时，取 0.25A）；

ζ——中部构造柱参与工作系数，居中设一根时取 0.5，多于一根时取 0.4；

f_t——中部构造柱的混凝土轴心抗拉强度设计值；

f_y——构造柱纵向钢筋抗拉强度设计值；

A_s——中部构造柱的纵向钢筋截面总面积(配筋率大于 1.4%时取 1.4%)。

当烧结砖墙体用式(2-4)验算不满足要求时，可设计为水平配筋墙体，配筋面积由下式计算：

$$A_s^h \geqslant \frac{V\gamma_{RE} - \eta_c f_{VE}(A - A_c) - \zeta f_t A_c - 0.08 f_y A_s}{\zeta_s f_y^h} \tag{2-5}$$

式中 A_s^h——层间墙体竖向截面的水平钢筋总截面面积，其配筋率应不小于 0.07%且不大于 0.17%；

f_y^h——水平钢筋抗拉强度设计值，程序选取 HPB235 钢筋，f_y^h=210N/mm^2；

ζ_s——钢筋参与工作系数，按表 2-1 采用。

钢筋参与工作系数 **表 2-1**

墙体高宽比	0.4	0.6	0.8	1.0	1.2
ζ_s	0.10	0.12	0.14	0.15	0.12

2.2 问题解答

2.2.1 何时需要对砌体抗剪强度设计值进行修正？如何修正？

《砌体规范》强制性条文 3.2.3 条规定，当采用水泥砂浆，或者施工控制等级非 B 级，或者无筋构件横截面积小于 $0.3m^2$，配筋构件横截面积小于 $0.2m^2$ 时，砌体抗剪强度设计值应进行调整。在 PMCAD 中，取综合调整系数为 γ_a：

$$\gamma_a=\gamma_{1s}\gamma_{2s}\gamma_{3s} \tag{2-6}$$

其中，γ_{1s}、γ_{2s}、γ_{3s}分别反映了以下 3 项因素对强度设计值的影响：

(1) 砂浆

$$\gamma_{1s}=\begin{cases}0.8 & (\text{水泥砂浆})\\ 1.0 & (\text{混合砂浆})\end{cases} \tag{2-7}$$

(2) 施工质量控制等级

$$\gamma_{2s}=\begin{cases}1.05 & (\text{A 级})\\ 1.00 & (\text{B 级})\\ 0.89 & (\text{C 级})\end{cases} \tag{2-8}$$

(3) 构件横截面积

$$\gamma_{3s}=\begin{cases}0.7+A & (\text{无筋构件，}A<0.3)\\ 0.8+A & (\text{配筋构件，}A<0.2)\\ 1.0 & (\text{无筋构件，}A\geqslant 0.3\text{；配筋构件，}A\geqslant 0.2)\end{cases} \tag{2-9}$$

式中 A——构件横截面积，以 m^2 计。

当采用混合砂浆，施工控制等级为 B 级，无筋构件横截面积大于等于 0.3m^2，配筋构件横截面积大于等于 0.2m^2 时，$\gamma_a=1$，说明出现以上条件组合时砌体抗剪强度设计值不需要调整。

2.2.2 对应于重力荷载代表值的砌体截面平均压应力 σ_0 是怎样计算的？

各墙段对应于重力荷载代表值的砌体截面平均压应力 σ_0 的计算公式为：

$$\sigma_0=\frac{N^d+0.5N^l}{A} \tag{2-10}$$

式中 N^d——恒荷（楼面恒荷＋墙体自重）产生的墙段底部截面轴力；

N^l——活荷（楼面活荷）产生的墙段底部截面轴力；

A——墙段净截面积。

2.2.3 为什么新规范版本在参数输入对话框中取消了“考虑构造柱参与工作”选项？

旧抗震规范(GBJ 11—89)在砌体抗震抗剪公式中没有考虑构造柱的影响，而《设置钢筋混凝土构造柱多层砖房抗震技术规程》(JGJ/T 13—94)在砌体抗震抗剪公式中考虑了构造柱的影响。PMCAD 旧规范版本提供了按抗震规范(GBJ 11—89)和按构造柱规程(JGJ/T 13—94)验算砌体抗震抗剪承载力两种选择，通过在参数输入对话框中设置“考虑构造柱参与工作”选项，让用户选择是用抗震规范还是用构造柱规程验算砌体抗剪承载力。

《抗震规范》(GB 50011—2001)在砌体抗震抗剪公式中明确计入了墙段中部构造柱对抗震承载力的提高作用，PMCAD 新规范版也不再执行构造柱规程(JGJ/T 13—94)，所以，保留“考虑构造柱参与工作”选项已没必要。

2.2.4 比较 PMCAD 新旧规范两个版本，构造柱在砌体抗剪计算中所起作用有何区别？

相同点：墙段两端构造柱对墙体抗剪承载力的约束作用，通过承载力抗震调整系数 γ_{RE} 取 0.9，使墙段抗剪承载力比两端无构造柱约束的墙段提高 11.11%。

不同点：

(1) 新规范版只考虑截面不小于 240mm×240mm 且间距不大于 4m 的中部构造柱(不考虑端部构造柱)对抗剪承载力的贡献；旧规范版当选择构造柱参与工作时考虑所有构造柱对抗剪承载力的贡献。

(2) 新规范版抗剪公式中，不但计入了构造柱混凝土的抗剪作用，还计入了构造柱配筋所起的抗剪作用；旧规范版抗剪公式笼统地考虑了构造柱的抗剪作用。

2.2.5 如何提高墙体抗剪承载力？

对式(2-1)和式(2-4)分析后，可以发现，提高墙体抗剪承载力的措施可以为：增加墙体横截面积、提高砂浆强度等级(提高 f_V)、在大片墙两端设构造柱(γ_{RE} 取 0.9)、增加中部构造柱截面面积(增加构造柱或增大已有构造柱的截面尺寸)、提高构造柱混凝土强度等级、增加构造柱钢筋面积、提高构造柱钢筋强度等级等。

提高块体强度等级对墙体抗剪承载力没有帮助。

2.2.6 结构建模时如何输入构造柱？

砌体结构的混凝土构造柱在交互式输入时作为普通柱输入，结构抗剪和受压计算时程序自动把砌体墙中的混凝土柱作为构造柱处理。

2.2.7 如何设置构造柱钢筋缺省值？

程序内定缺省构造柱钢筋类别为 HRB335。若要修改缺省钢筋类别，进入 PMCAD 主菜单①PM 交互式输入，点取“楼层定义”→“本层信息”菜单项，在图 2-1 所示对话框的梁、柱钢筋类别列表框中输入新的钢筋类别。

需要注意的是：构造柱钢筋只能选用 HPB235 或 HRB335。

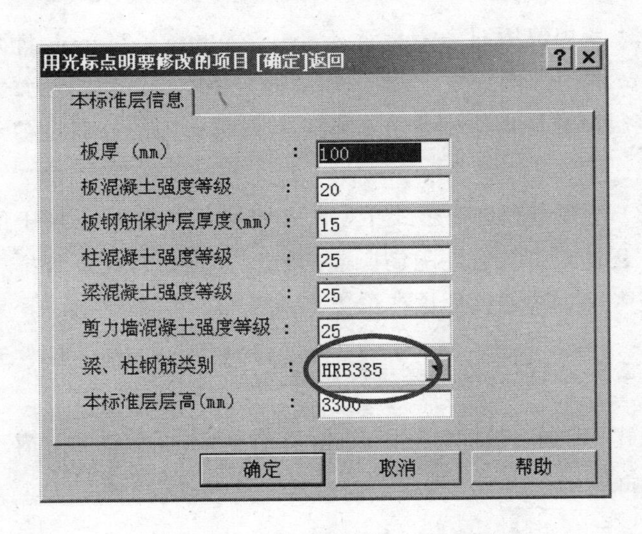

图 2-1 PMCAD 标准层信息输入对话框

程序内定缺省构造柱钢筋根数 4 根，缺省构造柱钢筋直径 12mm。若要修改缺省根数和直径，进入 PMCAD 主菜单②输入次梁楼板，点取“砖混圈梁”→“参数输入”菜单项，在图 2-2 所示对话框中输入构造柱钢筋的根数和直径。

在修改缺省参数时，当某一标准层构造柱参数与前一标准层相同时，仅需修改前一标准层参数，后一标准层会自动读取前一标准层的数据。如有一个六层砌体结构，每层构造柱参数相同，则只需在第一标准层修改构造柱缺省参数。

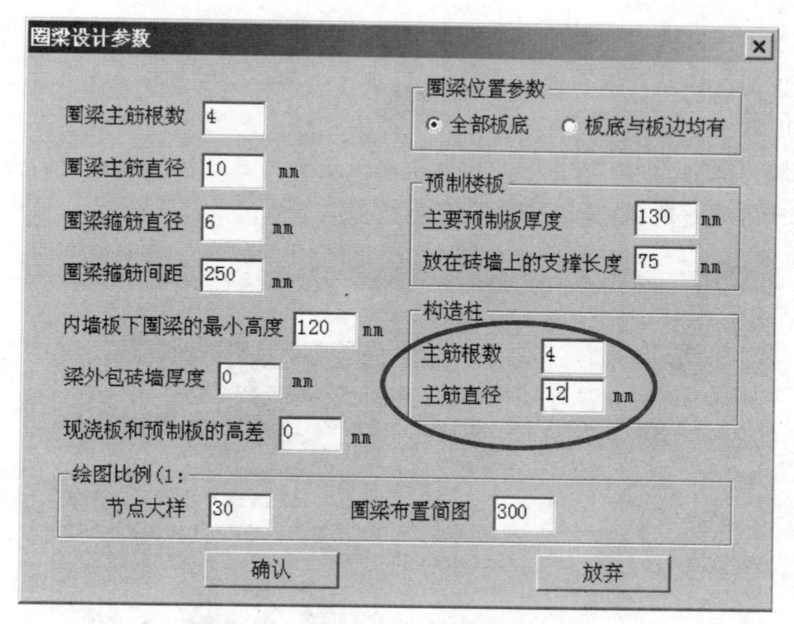

图 2-2 PMCAD 圈梁参数输入对话框

2.2.8 如何修改构造柱钢筋?

当执行 PMCAD 主菜单⑧进行抗震验算，发现抗剪不满足要求时，可以点取“构造柱钢筋”→“修改钢筋”菜单项，逐一点取构造柱，在图 2-3 所示的对话框中修改构造柱钢筋的根数和直径。

由于同一层中所有构造柱仅设一种钢筋类别，在图 2-3 中不能对个别构造柱的钢筋类别进行修改，若想修改整层构造柱的钢筋类别，进入 PMCAD 主菜单①PM 交互式输入，点取“楼层定义”→“本层信息”菜单项，在弹出对话框中重新设置构造柱钢筋类别。

从烧结砖、蒸压砖墙体的截面抗震承载力计算公式(2-4)中可以发现，当不考虑端部构造柱影响时，墙体的截面抗震承载力源自三个方面：砌体、中部构造柱混凝土、中部构造柱纵向钢筋，其中中部构造柱纵向钢筋的贡献仅为 $0.08f_yA_s$。式(2-4)还为中部构造柱纵向钢筋截面总面积 A_s 设了上限，当配筋率大于 1.4% 时取 1.4%。所以，通过增加中部构造柱纵筋面积，墙体抗震承载力提高的幅度有限。当墙体抗震承载力与其承担的地震剪力设计值相差较多时，应采取其他措施提高墙体的抗震承载力。

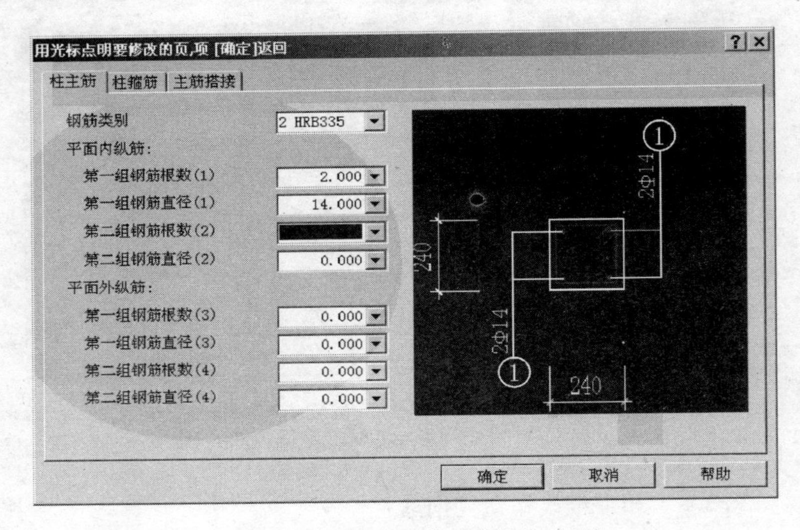

图 2-3　PMCAD 修改构造柱钢筋对话框

修改完构造柱钢筋后，点取“回主菜单”菜单项，程序从第一层开始重新计算。

2.2.9　如何判定自承重墙?

PMCAD 中自承重墙的判定标准：设 i 层 m 大片墙由 n 个网格墙段组成，有 $p(p\leqslant n)$个网格墙段满足以下条件：

$$\frac{\text{墙段承受的 } i \text{ 层以上(含 } i \text{ 层)非自重荷载}}{i \text{ 层以上(含 } i \text{ 层)墙段自重}}<0.1 \qquad (2\text{-}11)$$

如 $\frac{p}{n}\geqslant 0.9$，则 m 大片墙定义为自承重墙。

2.2.10 在抗剪计算时PMCAD如何判别横墙和纵墙？

规则平面横墙、纵墙判定标准：当墙体与 x 轴的夹角大于45°时，判定为横墙；当墙体与 x 轴的夹角小于等于45°时，判定为纵墙。

墙体抗震抗剪承载力验算公式对计入的中部构造柱的横截面总面积 A_c 设置了上限：对横墙和内纵墙，当 $A_c>0.15A$ 时，取 $0.15A$；对外纵墙，当 $A_c>0.25A$ 时，取 $0.25A$；其中 A 为墙体横截面面积。

2.2.11 设在开洞大片墙两端的构造柱对大片墙中部墙段的抗剪承载力有贡献吗？

有。大片墙两端设有构造柱，所有墙段抗剪验算时 γ_{RE} 取0.9；大片墙两端无构造柱，所有墙段抗剪验算时 γ_{RE} 取1.0。所以，大片墙两端设有构造柱时，各墙段抗剪承载力比大片墙两端无构造柱时提高了11.11%。

2.2.12 为什么构造柱面积和构造柱钢筋面积增加到某一限值后，墙体抗剪承载力不再提高？

规范对式（3-4）中参与抗剪计算的中部构造柱总面积和每一中部构造柱钢筋面积的上限值都作了规定：

（1）当横墙的所有中部构造柱面积之和与横墙面积之比大于0.15时，中部构造柱面积之和 A_c 取0.15倍的横墙面积；当纵墙的所有中部构造柱面积之和与纵墙面积之比大于0.25时，中部构造柱面积之和 A_c 取0.25倍的纵墙面积。

（2）当某一中部构造柱的钢筋面积与构造柱面积之比大于1.4%时，钢筋面积取构造柱面积的1.4%。

所以，当横墙的中部构造柱面积之和大于0.15倍的横墙面积，纵墙的中部构造柱面积之和大于 0.25 倍的纵墙面积，构造柱配筋率大于 1.4%时，即使增加再多的构造柱面积和构造柱钢筋面积，墙体抗剪承载力也不会发生变化。

2.2.13 在抗剪验算中会出现大片墙满足抗剪要求，而大片墙中的个别墙段不满足抗剪要求，如何调整可使大片墙中各墙段均满足抗剪要求？

出现大片墙满足抗剪要求、大片墙中个别墙段不满足抗剪要求的主要原因是各墙段剪应力分布不均匀或构造柱设置不合理。

解决的途径有两条：

(1) 调整墙段刚度，使各墙段的剪应力基本一致，也就是让不满足抗剪要求墙段的剪力减少，让抗剪承载力有富余墙段的剪力增加。由于墙段刚度与墙段高宽比有关，可以通过改变洞口位置、改变洞口高度来改变墙段的高宽比，从而改变墙段的刚度和剪力。

(2) 在不满足抗剪要求的墙段中部设置构造柱或加大已有构造柱截面、提高已有构造柱混凝土强度等级、增加已有构造柱钢筋面积。

增加墙段面积不一定能解决抗剪承载力不足问题，因为面积增加的同时，刚度增加，剪力也随之增加。

2.2.14 墙段抗剪验算不满足要求时在括号中给出了配筋面积，应如何使用该面积设计配筋砌体？

输出的钢筋面积是采用 HPB235 钢筋计算的层间竖向截面水平钢筋总面积，单位为平方毫米，程序没有检查该配筋是否满足最小(0.07%)、最大(0.17%)配筋率要求，用户应自行校验最小、最大配筋率，并对各墙段钢筋归并后按有关构造要求设计配筋砌体。

如果不采用 HPB235 钢筋，而是采用其他类别的钢筋，配筋面积由下式计算：

$$A_s^h = A_{235}^h \frac{210}{f_y^h} \tag{2-12}$$

式中 A_s^h——层间竖向截面水平钢筋总面积；

A_{235}^h——PMCAD 输出的采用 HPB235 钢筋计算的层间竖向截面水平钢筋总面积；

f_y^h——水平钢筋抗拉强度设计值，单位为 N/mm²。

2.2.15 怎样查看大片墙及大片墙中各墙段抗剪计算所用参数的取值？

在抗震验算结果图中，将鼠标停留在某一墙段上，程序会弹出一 Tip 窗口将该墙段抗剪验算所用参数值显示出来。同样，将鼠标停留在某一洞口上，程序会弹出一 Tip 窗口将该洞口所属大片墙抗剪验算所用参数值显示出来。图 2-4 为显示某墙段抗剪计

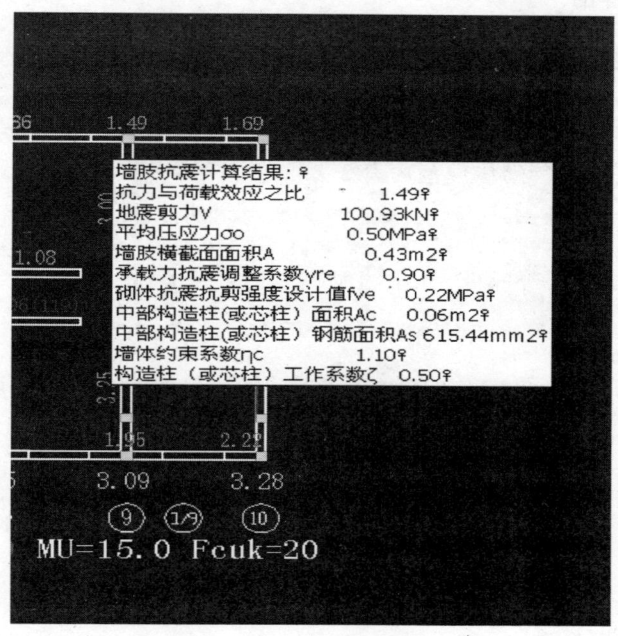

图 2-4　墙段抗剪计算所用参数查询

算所用参数值的 Tip 窗口。

2.2.16　砂浆和块体强度等级可以输入任意值吗？

可以。

对于非标准砂浆和块体强度等级，PMCAD 采用线性插值方法求出砌体的抗压强度设计值和抗剪强度设计值。

2.2.17　为什么砂浆强度等级大于 M10 时砌体抗剪承载力与砂浆强度等级等于 M10 时一样？

从《砌体规范》表 3.2.2 可以发现，当砂浆强度等级大于 M10 时，砌体的抗剪强度设计值不再提高，与砂浆强度等级等于 M10 相同。所以，无论采用 M10 或 M15 砂浆，砌体的抗剪承载力是一样的。

2.2.18　为什么提高块体强度等级，砌体抗剪承载力不提高？

沿砌体灰缝截面破坏时，砌体的抗剪强度设计值与块体强度等级无关(见《砌体规范》表 3.2.2)。

第3章　竖向导荷和墙体受压承载力验算

3.1　基本原理

3.1.1　竖向导荷

墙、柱作为竖向构件，共同承担竖向荷载。荷载传递自上而下，即从顶层到底层。每层竖向构件的计算截面取在楼层底部。

3.1.1.1　构件自重计算

(1) 梁、柱

$$自重＝体积×混凝土重度 \tag{3-1}$$

(2) 网格墙

计算网格墙段自重时不扣除梁所占体积

$$自重＝[(墙长×层高－洞口面积)×墙厚－构造柱体积]×墙的重度 \tag{3-2}$$

墙肢交点处构造柱占每片墙的体积＝交点处构造柱体积/相交墙肢数。

(3) 圈梁

不单独计算圈梁自重。因计算墙体自重时未扣除圈梁所占体积，墙体自重中已近似包含了圈梁重量。

(4) 楼板自重

楼板自重已包含在楼面恒荷载中。

3.1.1.2　楼面荷载传导至竖向构件

楼面荷载根据导荷方式传导到房间周围的墙上或梁上。房间中有次梁时，先将楼面荷载导算到次梁上，再将次梁梁端反力作用在墙、柱或主梁上。如次梁形成交叉梁系，则对交叉梁系作超静定分析，求出支座反力，再把它们施加到墙、柱或主梁上。

主梁梁端反力可直接作用在墙或柱上。当楼层(而非局限于某一房间)主梁形成交叉梁系时，把墙、柱作为交叉梁系的固定支座，把无柱、墙节点作为无约束节点，求出支座反力，再把它们施加到墙、柱上。

3.1.1.3　节点荷载(梁端反力、节点力)传递

设作用于 j 层墙肢交点的节点力(梁端反力)为 P(图 3-1)，各墙肢均分该荷载，则：

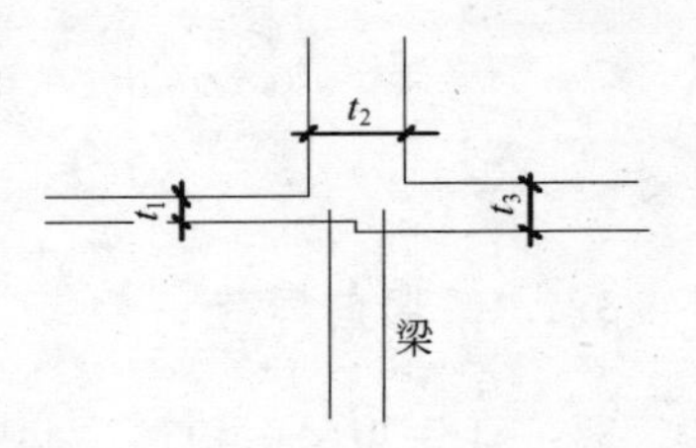

图 3-1　搭在墙体交点上的梁

$$P_1^j = P_2^j \cdots = P_n^j = \frac{P}{m} \qquad (3\text{-}3)$$

式中　P_1^j、$P_2^j \cdots P_m^j$——1、2……m 墙肢承担的节点力；

m——相交墙肢个数。

3.1.1.4　楼层墙肢轴力

k 层(任一层)第 i 网格墙承担的作用于墙体底部的本层荷载(不包括节点荷载)有：本层墙体自重、导算到网格墙上的楼面荷载、直接作用在网格墙上的附加线荷载。这些荷载可用等效线荷载 q_i^k 表示：

$$q_i^k = \frac{\text{墙体自重} + \text{导算到 } i \text{ 网格墙上的楼面荷载} + \text{作用于 } i \text{ 网格墙上的附加线荷载总重}}{L} \qquad (3\text{-}4)$$

式中　q_i^k——k 层 i 网格墙等效线荷载；

L——墙长。

j 层 i 网格墙(图 3-2)左、右墙肢轴力为：

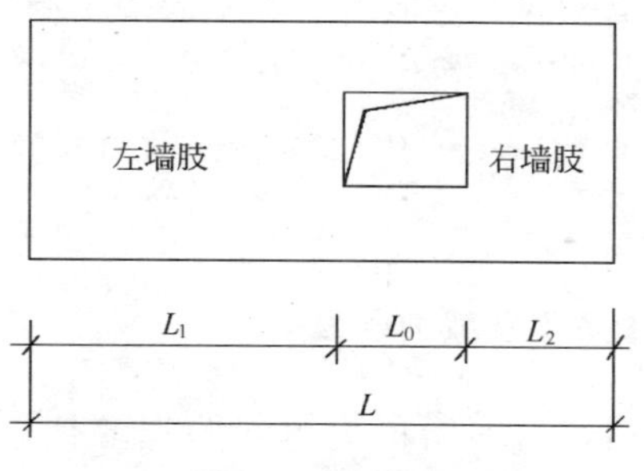

图 3-2　网格墙

$$^{\mathrm{L}}N_i^j = \left(L_1 + \frac{L_0}{2}\right)\sum_{k=j}^{n} q_i^{\mathrm{k}} + \sum_{k=j}^{n} {}^{\mathrm{L}}P_i^{\mathrm{k}} \tag{3-5}$$

$$^{\mathrm{R}}N_i^j = \left(L_2 + \frac{L_0}{2}\right)\sum_{k=j}^{n} q_i^{\mathrm{k}} + \sum_{k=j}^{n} {}^{\mathrm{R}}P_i^{\mathrm{k}} \tag{3-6}$$

式中　$^{\mathrm{L}}N_i^j$——j 层 i 网格墙左墙肢轴力；

$^{\mathrm{R}}N_i^j$——j 层 i 网格墙右墙肢轴力；

L_1——左墙肢宽；

L_2——右墙肢宽；

L_0——洞口宽；

$^{\mathrm{L}}P_i^{\mathrm{k}}$——$k$ 层 i 网格墙左墙肢节点力；

$^{\mathrm{R}}P_i^{\mathrm{k}}$——$k$ 层 i 网格墙右墙肢节点力；

n——结构总层数。

3.1.1.5　托墙梁承担的荷载(不包括自重)：

$$w = w_1 + w_2 \tag{3-7}$$

式中　w——托墙梁承担的荷载；

w_1——直接作用在托墙梁上的托墙梁所在层楼面荷载；

w_2——托墙梁上各层墙体总重及导算到这些墙上的荷载。

当托墙梁按框架梁设计时，可根据经验对 w_2 进行折减：

(1) 托墙梁上墙体在过渡层无洞口或有一个洞口，w_2 乘以折减系数 0.5～1.0；

(2) 托墙梁上墙体在过渡层有两个或多个洞口，w_2 不折减。

折减后的 w_2 化作均布线荷载作用在托墙梁上；折减掉的荷载，即(1－折减系数)×w_2 化作两个大小相等的集中力作用在托墙梁两端节点处。

3.1.2 墙体受压承载力验算

PMCAD以门、窗间墙段为单元验算墙体轴心受压承载力。对无构造柱墙段软件按无筋砌体构件的有关规定验算受压承载力，对有构造柱墙段软件按砌体和构造柱组合墙的有关规定验算受压承载力。对于长度小于 250mm 的小墙垛，软件不作受压承载力验算。

墙段轴力设计值取以下两种组合的较大值：

1.2 恒＋1.4 活

1.35 恒＋0.98 活

无筋砌体构件受压承载力按下式计算：

$$N \leqslant \varphi f A \tag{3-8}$$

$$\beta = \gamma_\beta \frac{H_0}{h} \tag{3-9}$$

$$\varphi = \begin{cases} 1 & \beta \leqslant 3 \\ \dfrac{1}{1+\alpha\beta^2} & \beta > 3 \end{cases} \tag{3-10}$$

式中 N——轴力设计值；

β——构件的高厚比；

γ_β——不同砌体材料的高厚比修正系数，按表 3-1 采用；

H_0——受压构件的计算高度，按表 3-2 确定；

h——矩形截面较小边长；

φ——高厚比 β 对轴心受压构件承载力的影响系数；

α——与砂浆强度等级有关的系数，当砂浆强度等级大于或等于 M5 时，α 等于 0.0015；当砂浆强度等级等于 M2.5 时，α 等于 0.002；当砂浆强度等级等于 0 时，α 等于 0.009；

f——根据《砌体规范》3.2.3 条规定，乘以调整系数后的砌体抗压强度设计值；

A——截面面积。

高厚比修正系数 γ_β　　　　**表 3-1**

砌体材料类别	γ_β	砌体材料类别	γ_β
烧　结　砖	1.0	混凝土砌块	1.1
蒸　压　砖	1.2		

注：对灌孔混凝土砌块，γ_β 取 1.0。

带壁柱墙或周边拉结墙的计算高度 H_0　　　　**表 3-2**

$s>2H$	$2H \geqslant s>H$	$s \leqslant H$
$1.0H$	$0.4s+0.2H$	$0.6s$

注：s 为房屋横墙间距，H 为层高。

砖砌体和构造柱组合墙轴心受压承载力按下列公式计算：

$$N \leqslant \varphi_{com}[fA_n+\eta(f_cA_c+f'_yA'_s)] \tag{3-11}$$

$$\eta=\left[\frac{1}{\frac{l}{b_c}-3}\right]^{\frac{1}{4}} \tag{3-12}$$

式中　φ_{com}——组合墙稳定系数，按《砌体规范》表 8.2.3 采用；

η——强度系数，当 l/b_c 小于 4 时，取 l/b_c 等于 4；

f——砌体抗压强度设计值；

f_c——混凝土轴心抗压强度设计值；

f'_y——钢筋抗压强度设计值；

l——沿墙长方向构造柱的平均间距；

b_c——沿墙长方向构造柱的宽度；

A_n——砌体的净截面面积；

A_c——构造柱截面面积；

A'_s——构造柱钢筋面积。

3.2 问题解答

3.2.1 梁支承在墙上，梁端支座反力如何在支撑梁端的墙体间传递？

由于梁端处网格点将支撑梁端的一字或T形墙体划分成两个或三个网格墙段（图3-3），各墙段均分梁端支座反力，即：

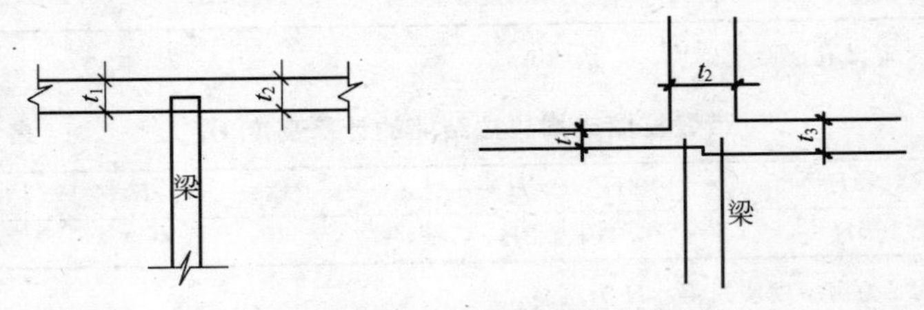

图3-3 支承在一字和T形墙体上的梁

$$P_1^j = P_2^j \cdots = P_m^j = \frac{P}{m} \tag{3-13}$$

式中 P_1^j、$P_2^j \cdots P_m^j$——第1、2……m网格墙段承担的支座反力；

P——梁端支座反力；

m——相交于梁端的网格墙数。

由式(3-13)可知，各网格墙段承担的支座反力与墙段厚度无关。

3.2.2 为什么墙体轴力设计值有时不等于1.2恒+1.4活？

墙体轴力设计值取以下两种组合的较大值：

① 1.2恒+1.4活

② 1.35恒+0.98活

仅当楼面活荷载较大时，第①组合的轴力可能比第②组合大。通常情况下，第②组合的轴力比第①组合大。

3.2.3 PMCAD是如何验算偏心受压墙体的？

墙体受压承载力是按轴心受压计算的，未考虑轴力偏心距的影响(取 $e=0$)。对于需按单向或双向偏心受压计算的墙体，用户应按《砌体规范》附录D有关公式计算影响系数 φ，使用公式(3-8)进行补充验算。

3.2.4 在墙体受压承载力计算结果图中怎样查看墙体受压承载力计算所用参数的取值？

在墙体受压承载力计算结果图中，将鼠标停留在某一墙段上，程序会弹出一个Tip窗口，将该墙段受压承载力计算所用参数值显示出来，如图3-4所示。

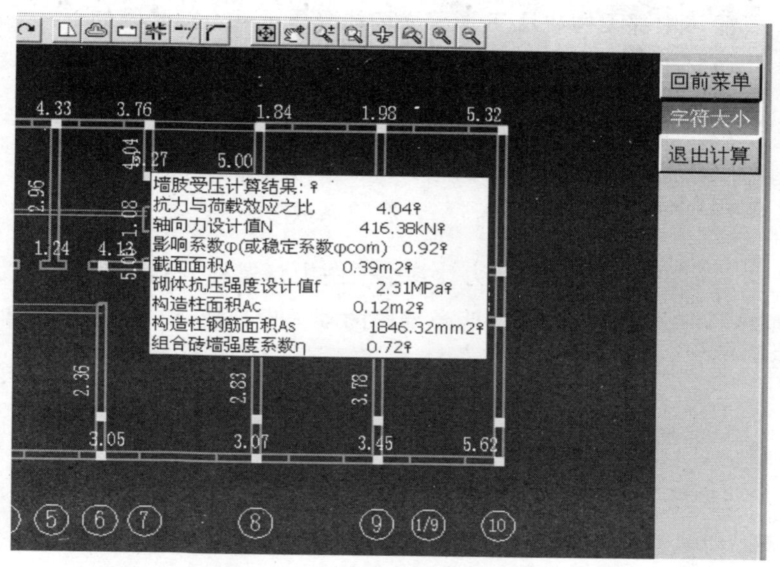

图3-4 墙段受压承载力计算所用参数查询

3.2.5 两墙肢相交形成T形截面，受压验算时，长墙肢满足要求，短墙肢不满足要求，如何处理？

如图3-5所示的T形截面墙体，由①、②两个墙段组成，程序分别对①、②两个墙段作了受压承载力验算，未对整体T形截面墙体的受压承载力进行复核。

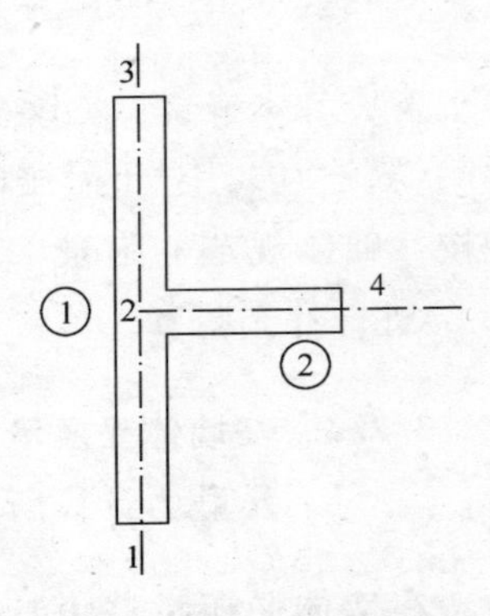

图3-5 T形截面墙体

①、②两个墙段中的某一墙段不满足受压要求，并不等于由①、②两个墙段组成的T形截面墙体不满足受压要求。所以，当T形截面某一墙段的受压验算不满足要求时，应对T形截面墙体重新复核，并以复核结果为准。

验算中部无构造柱T形截面墙体受压承载力的步骤如下：

(1) 计算T形截面的形心、面积A、惯性矩I；

(2) 计算回转半径$i=\sqrt{\dfrac{I}{A}}$，截面折算厚度$h_T=3.5i$；

(3) 计算高厚比$\beta=\gamma_\beta\dfrac{H_0}{h_T}$，影响系数$\varphi$；

(4) 在墙体受压承载力计算结果图中将鼠标分别放在T形截面的①、②墙段上，读取两个墙段的轴力设计值N_1、N_2和砌体抗压强度设计值f；

(5) 复核$\dfrac{\varphi fA}{N_1+N_2}$是否大于1。

【例题3-1】 某楼层层高3m，采用烧结砖砌体，混合砂浆，MU=10，M=5，刚性楼板，横墙间距6m。有一T形截面墙体，截面尺寸如图3-6所示。墙体受压承载力计算结果如图3-7所示，第②墙段受压承载力不满足要求。从墙体受压承载力计算结果图中查知①墙段轴力设计值 $N_1=260000\text{N}$，②墙段轴力设计值 $N_2=150000\text{N}$。试验算 T 形截面墙体受压承载力是否满足要求。

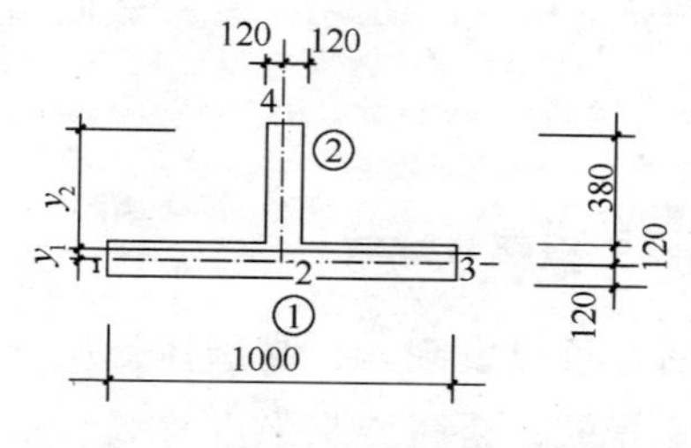

图 3-6　例 3-1 T 形截面墙体

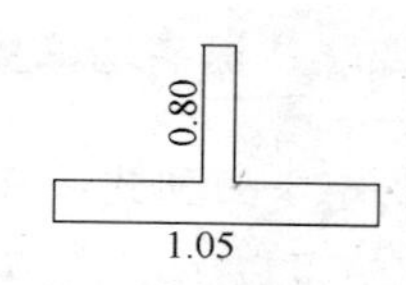

图 3-7　受压承载力计算结果

【解】

(1) 截面面积　$A=1000\times240+380\times240=331200\text{mm}^2$

截面形心位置

$$y_1=\frac{240\times380\times(380/2+120)}{331200}=85\text{mm}$$

截面惯性矩

$$I=\frac{1000\times240^3}{12}+1000\times240\times85^2+\frac{240\times380^3}{12}$$
$$+240\times380\times(380/2+120-85)^2$$
$$=86\times10^8\text{mm}^4$$

(2) 回转半径

$$i=\sqrt{\frac{I}{A}}=\sqrt{\frac{86\times10^8}{331200}}=161\text{mm}$$

截面折算厚度

$$h_\text{T}=3.5i=3.5\times161=564\text{mm}$$

(3) $\gamma_\beta=1.0, H_0=3000\text{mm}, \alpha=0.0015$

$$\beta=\gamma_\beta\frac{H_0}{h_\text{T}}=\frac{3000}{564}=5.32$$

$$\varphi=\frac{1}{1+\alpha\beta^2}=\frac{1}{1+0.0015\times5.32^2}=0.96$$

(4) 查表 $f=1.5\text{N/mm}^2$。因 $A>0.3\text{m}^2$，f 不需要修正。

(5) $\dfrac{\varphi fA}{N_1+N_2}=\dfrac{0.96\times1.5\times331200}{260000+150000}=1.16>1$，T形截面墙体受压承载力满足要求。

3.2.6 提高墙体受压承载力的措施有哪些？

对式(3-8)和式(3-11)分析后，可以发现，提高墙体受压承载力的措施可以为：提高块体强度等级、提高砂浆强度等级、增加墙体横截面积、增加构造柱截面面积(增加构造柱或增大已有构造柱的截面尺寸)、提高构造柱混凝土强度等级、增加构造柱钢筋面积、提高构造柱钢筋强度等级等。

第4章　砌体局部受压计算

4.1　基本原理

砌体局部受压是指梁端支承处砌体的局部受压，分以下3种情况：

(1) 梁端无垫块、垫梁或圈梁

$$\Psi N_0 + N_l \leqslant \eta \gamma f A_l \tag{4-1}$$

$$\Psi = 1.5 - 0.5 \frac{A_0}{A_l} \tag{4-2}$$

$$N_0 = \sigma_0 A_l \tag{4-3}$$

$$A_l = a_0 b \tag{4-4}$$

$$a_0 = 10\sqrt{\frac{h_c}{f}} \tag{4-5}$$

式中　Ψ——上部荷载的折减系数，当 A_0/A_l 大于等于3时，取 Ψ 等于0；

N_0——局部受压面积内上部轴向力设计值；

N_l——梁支座支承压力设计值；

σ_0——上部平均压应力设计值；

η——梁支座底面压应力图形的完整系数，一般取0.7，对于过梁和墙梁取1.0；

b——梁的截面宽度，也是矩形局部受压面积 A_l 的一个边长；

h_c——梁的截面高度；

a——梁端实际支撑长度；

a_0——梁的有效支撑长度，也是矩形局部受压面积 A_l 的一个边长，当 a_0 大于 a 时，取 a_0 等于 a；

h——墙厚；

f——不考虑强度调整系数的砌体抗压强度设计值；

γ——砌体局部抗压强度提高系数，按下式计算：

$$\gamma=1.0+0.35\sqrt{\frac{A_0}{A_l}-1} \tag{4-6}$$

A_0——影响砌体局部抗压强度的计算面积。

影响砌体局部抗压强度的计算面积按下列规定采用：

1）在图 4-1(a) 的情况下，$A_0=(b+h)h$

2）在图 4-1(b) 的情况下，$A_0=(a_0+h)h$

3）在图 4-1(c) 的情况下，$A_0=(b+2h)h$

4）在图 4-1(d) 的情况下，$A_0=(b+h)h+(a_0+h_1-h)h_1$

5）在图 4-1(e) 的情况下，$A_0=(b+2h)h+(a_0+h_1-h)h_1$

式中　h_1——墙厚。

由式(4-6)计算的 γ 值，应符合下列规定：

1）在图 4-1(a) 的情况下，$\gamma\leqslant1.25$；

2）在图 4-1(b) 的情况下，$\gamma\leqslant1.25$；

3）在图 4-1(c) 的情况下，$\gamma\leqslant2.00$；

4）在图 4-1(d) 的情况下，$\gamma\leqslant1.50$；

5）在图 4-1(e) 的情况下，$\gamma\leqslant2.00$；

6）对多孔砖砌体和灌孔砌块砌体，以上所有情况尚应符合 $\gamma\leqslant1.50$。对未灌孔混凝土砌块砌体，$\gamma=1.0$。

（2）梁端设刚性垫块

$$N_0+N_l\leqslant\varphi\gamma_1 fA_b \tag{4-7}$$

$$N_0=\sigma_0 A_b \tag{4-8}$$

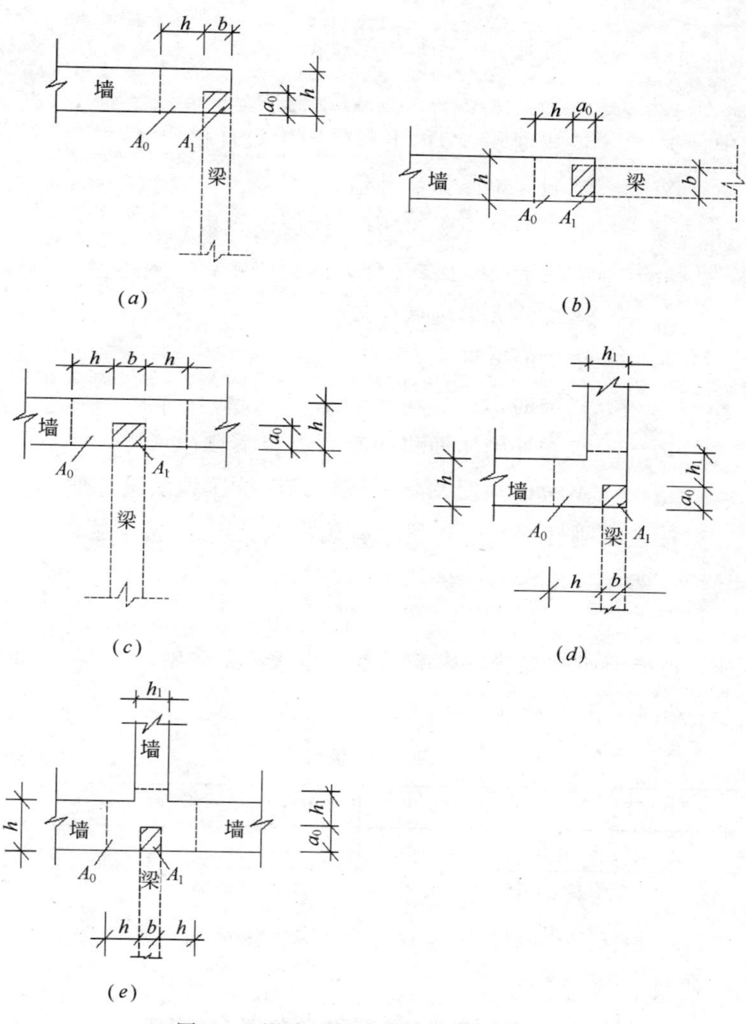

图 4-1 影响局部抗压强度的面积 A_0

$$A_b = a_b b_b \tag{4-9}$$

$$\varphi = \frac{1}{1+12\left(\frac{e}{a_b}\right)^2} \tag{4-10}$$

$$\gamma=1+0.35\sqrt{\frac{A_0}{A_b}-1} \quad (4-11)$$

$$\gamma_1=0.8\gamma \quad (\gamma_1\geqslant 1.0) \quad (4-12)$$

式中 N_0——垫块面积 A_b 内上部轴向力设计值；

N_l——梁端支承压力设计值；

φ——垫块上 N_0 及 N_l 合力的影响系数；

e——垫块上 N_0 及 N_l 合力的偏心距；

a_b——垫块伸入墙内的长度；

b_b——垫块的宽度；

A_b——垫块面积；

γ_1——垫块外砌体面积的有利影响系数；

f——不考虑强度调整系数的砌体抗压强度设计值。

梁端设有刚性垫块时，梁端有效支承长度 a_0 按下式确定：

$$a_0=\delta_1\sqrt{\frac{h_c}{f}} \quad (4-13)$$

式中 δ_1——刚性垫块的影响系数，按表 4-1 采用；

h_c——梁的截面高度。

系数 δ_1 值表 **表 4-1**

σ_0/f	0	0.2	0.4	0.6	0.8
δ_1	5.4	5.7	6.0	6.9	7.8

注：1. σ_0 为上部平均压应力设计值；

2. 中间数值可采用插入法求得，当 $\sigma_0/f>0.8$，取 $\delta_1=7.8$。

垫块上 N_l 作用点位于 $0.4a_0$ 处。

(3) 梁端每侧有长度大于 $\pi h_0/2$ 的垫梁(含圈梁)

$$N_0+N_l\leqslant 2.4\delta_2 f b_b h_0 \quad (4-14)$$

$$N_0=\pi b_b h_0\sigma_0/2 \quad (4-15)$$

$$h_0=2\sqrt[3]{\frac{E_b I_b}{Eh}} \quad (4-16)$$

$$I_b = b_b h_b^3 / 12 \quad (4\text{-}17)$$

式中 N_0——垫梁上部轴力设计值；

N_l——梁端支承压力设计值；

δ_2——当荷载沿墙厚方向均匀分布时取 1.0，不均匀分布时取 0.8；

f——不考虑强度调整系数的砌体抗压强度设计值；

b_b——垫梁在墙厚方向的宽度；

h_b——垫梁的高度；

h_0——垫梁折算高度；

σ_0——上部平均压应力设计值；

E_b——垫梁的混凝土弹性模量；

I_b——垫梁的截面惯性矩；

E——砌体的弹性模量；

h——墙厚。

4.2 问题解答

4.2.1 怎样计算连续梁中部支座处的砌体局部受压承载力？

连续梁中部支座处的砌体局部受压分为连续梁中部支承在墙体端部和连续梁中部支承在墙体中部两种情况，如图 4-2 所示。

连续梁中部支座处的砌体局部受压承载力计算采用与梁端支座处砌体局部受压承载力计算相同的公式，只是以下四个参数的取值或限值不同：

(1) 梁端有效支承长度取墙厚，即：

$$a_0 = h \quad (4\text{-}18)$$

式中 a_0——梁端有效支承长度；

h——墙厚。

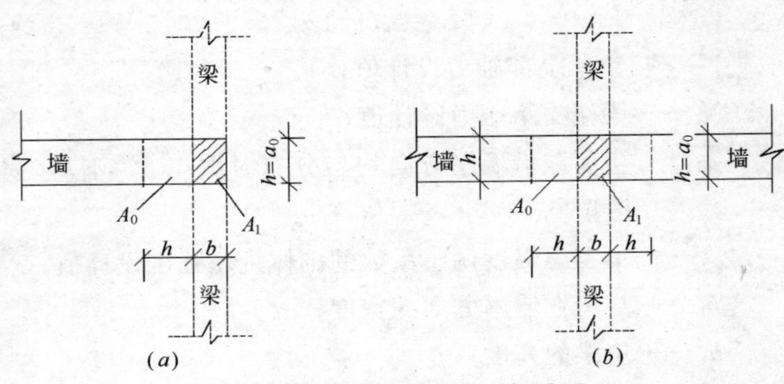

图 4-2 连续梁中部支座局部受压

(2) 影响砌体局部抗压强度的计算面积

在图 4-2(*a*) 的情况下，$A_0=(b+h)h$

在图 4-2(*b*) 的情况下，$A_0=(b+2h)h$

(3) 砌体局部抗压强度提高系数 γ，应符合下列规定：

在图 4-2(*a*) 的情况下，$\gamma\leqslant1.25$；

在图 4-2(*b*) 的情况下，$\gamma\leqslant2.00$；

对多孔砖砌体和按《砌体规范》第 6.2.13 条要求灌孔的砌块砌体，在图 4-2(*b*) 的情况下，$\gamma\leqslant1.5$。未灌孔混凝土砌块砌体，$\gamma=1.0$。

(4) 梁底面压应力图形的完整系数 η

假定作用在梁下砌体局部受压面积上的荷载均匀分布，取 $\eta=1.0$。

PMCAD 未验算连续梁中部支座处的砌体局部受压承载力，用户应使用以上参数采用梁端支座处砌体局部受压承载力计算公式自行校验。

4.2.2 梁支承在垫梁(圈梁)端部，砌体局部受压承载力计算公式 $N_0+N_l\leqslant2.4\delta_2 fb_bh_0$ 还适用吗?

砌体局部受压承载力计算公式 $N_0+N_l\leqslant2.4\delta_2 fb_bh_0$ 仅适用

于梁端每侧垫梁长度大于等于 $\pi h_0/2$ 的情况(图 4-3)。

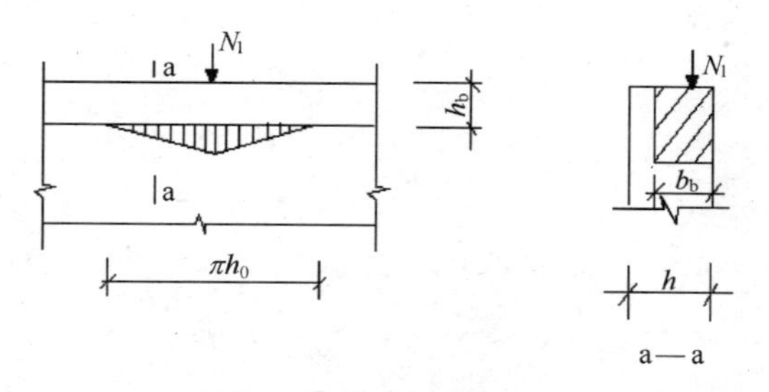

图 4-3　垫梁局部受压

当梁端支承在垫梁端头时，把垫梁视作弹性地基上的半无限长梁，垫梁下的砌体视作弹性地基，可以求出垫梁反力近似以三角形分布在 $0.93h_0$ 范围内(图 4-4)。

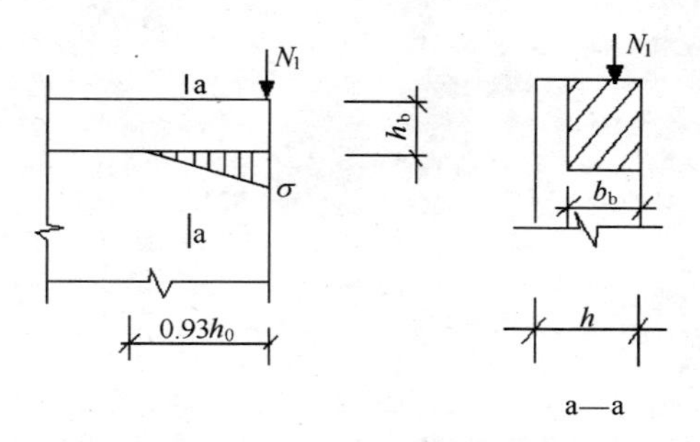

图 4-4　梁端支承在垫梁端部的局部受压

根据规范要求，垫梁下最大压应力应符合下式要求[8]：

$$\sigma_0+\sigma_l\leqslant 1.5\delta_2 f \qquad (4\text{-}19)$$

式中　σ_0——上部平均压应力设计值；

σ_l——由梁端反力设计值 N_l 产生的垫梁最大压应力；

δ_2——当荷载沿墙厚方向均匀分布时取 1.0，不均匀分布时取 0.8；

f——不考虑强度调整系数的砌体抗压强度设计值。

将式(4-19)两边同乘以 $0.93h_0b_b/2$，得：

$$\frac{0.93h_0b_b\sigma_0}{2}+\frac{0.93h_0b_b\sigma_l}{2}\leqslant\frac{0.93\times1.5}{2}\delta_2h_0b_bf \tag{4-20}$$

由于

$$N_l=\frac{0.93h_0b_b\sigma_l}{2} \tag{4-21}$$

取

$$N_0=\frac{0.93h_0b_b\sigma_0}{2} \tag{4-22}$$

把式(4-21)、式(4-22)代入式(4-20)，有：

$$N_0+N_l\leqslant0.7\delta_2h_0b_bf \tag{4-23}$$

式(4-23)即为梁支承在垫梁(圈梁）端部的砌体局部受压承载力计算公式。

PMCAD未验算梁支承在垫梁(圈梁）端部的砌体局部受压承载力，用户应使用式(4-23)自行校验。

第 5 章　底部框架-抗震墙房屋

5.1　基 本 原 理

底部框架-抗震墙房屋由上部砌体结构和底部框架-抗震墙结构两部分组成，在 PKPM 系统中，地震作用和上部砌体结构计算由 PMCAD 主菜单 8 *砌体结构抗震及其他计算*完成，底部框架-抗震墙结构计算由 SATWE 或 TAT、PK 软件完成。上部砌体结构的计算与把整体房屋视作砌体房屋相同；底部框架-抗震墙结构计算，把房屋在底框顶层楼板处水平切开，将上部砌体的外荷载和结构自重作用在底框顶部，不考虑上部砌体的刚度贡献，把底框结构作为独立结构分析。

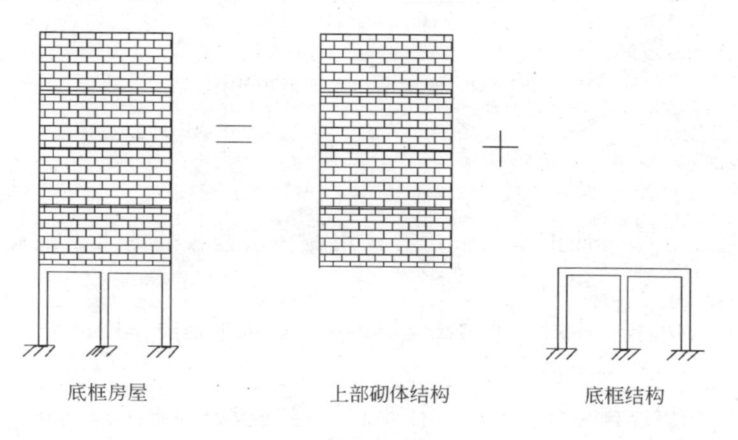

图 5-1　底框房屋

5.1.1 底框结构单独计算需要考虑的上部砌体结构传给底框结构的荷载

5.1.1.1 竖向荷载

（1）恒荷载：墙体、构造柱自重，楼面恒荷载；

（2）活荷载：楼面活荷载。

5.1.1.2 地震作用

（1）水平地震作用

一层底框单独分析时，作用在一层楼板处的水平地震作用为（见图 5-2）：

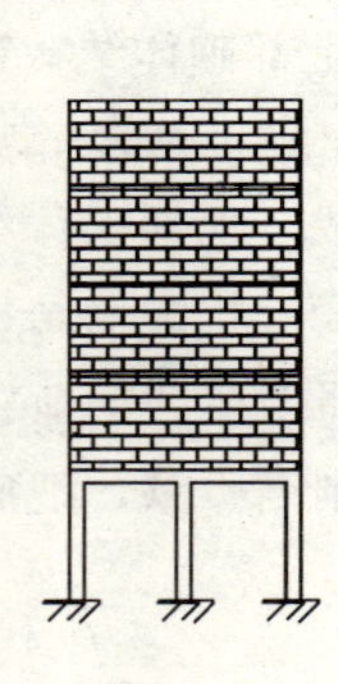

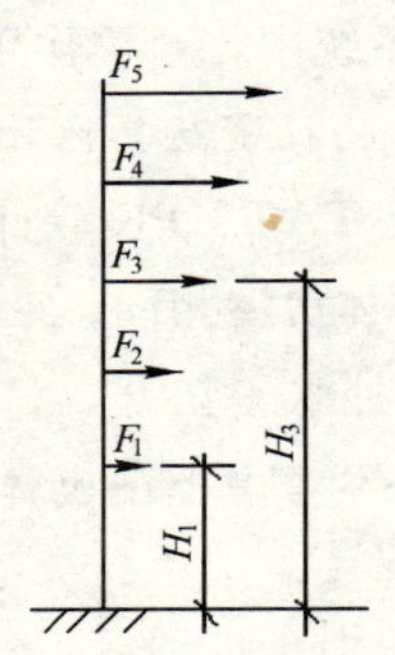

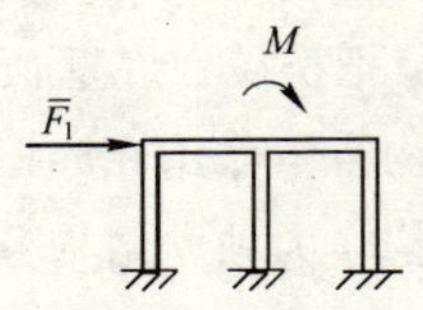

图 5-2 底框房屋水平地震作用

$$\overline{F_1} = \sum_{i=1}^{n} F_i \tag{5-1}$$

式中 $\overline{F_1}$——底框单独分析时作用在一层楼板处的水平地震作用；

F_i——由底部剪力法计算的第 i 层水平地震作用；

n——房屋层数。

二层底框单独分析时，作用在一层楼板处的水平地震作用为 F_1，作用在二层楼板处的水平地震作用为：

$$\overline{F_2} = \sum_{i=2}^{n} F_i \tag{5-2}$$

式中　$\overline{F_2}$——底框单独分析时作用在二层楼板处的水平地震作用。

(2) 倾覆弯矩

作用于上部砌体楼层的水平地震作用平移到底框顶层楼板处后，产生了作用于底框顶层楼板处的倾覆弯矩，对一层底框：

$$M = \sum_{i=2}^{n} F_i(H_i - H_1) \tag{5-3}$$

式中　M——倾覆弯矩；

H_i——第 i 层计算高度。

对二层底框：

$$M = \sum_{i=3}^{n} F_i(H_i - H_2) \tag{5-4}$$

《抗震规范》7.2.4 条规定，一层底框底层地震作用及二层底框底层和第二层地震作用应乘以与侧移刚度比有关的增大系数，当 x 方向地震时，有：

$$\eta_x = \begin{cases} 1+0.17\left(\dfrac{K_{2x}}{K_{1x}}\right) & \text{(一层底框)} \\ 1+0.17\left(\dfrac{K_{3x}}{K_{2x}}\right) & \text{(二层底框)} \end{cases} \tag{5-5}$$

$$(1.2 \leqslant \eta_x \leqslant 1.5)$$

式中　K_{1x}、K_{2x}、K_{3x}——房屋 1、2、3 层的 x 方向抗侧移刚度。

同理，y 方向地震时，有增大系数 η_y。

η_x、η_y 一般情况下不相等，SATWE、TAT 在计算底框地震作用时取 η_x、η_y 的较大值作为 x、y 方向的地震放大系数，因而放大后的 x、y 地震作用相同。

5.1.1.3　风荷载

(1) 水平风荷载

类同式(5-1)、式(5-2) 计算的水平地震作用。

(2) 倾覆弯矩

类同式(5-3)、式(5-4)计算的地震作用产生的倾覆弯矩。

5.1.2 倾覆弯矩分配

当底框-抗震墙结构单独计算时，需将由地震作用和风荷载产生的倾覆弯矩转化为作用于柱顶的附加轴力及作用于墙顶的附加轴力和附加弯矩。

假定上部砌体为刚体，底层及底部二层框框-抗震墙结构楼板竖向变形符合平截面假定，则底层框框-抗震墙结构可视为一悬臂梁，底部二层框框-抗震墙结构可视为一变截面悬臂梁。因此，求解由倾覆弯矩产生的墙、柱附加轴力问题即转化为梁弯曲应力计算问题。

5.1.2.1 柱子附加轴力

i 号柱的附加轴力可由其形心处附加应力 σ_c 求出：

$$N_i \approx A_i \sigma_c \tag{5-6}$$

式中 A_i——i 号柱面积；

σ_c——由梁理论求得的 i 号柱形心处附加应力。

5.1.2.2 墙体附加轴力和弯矩

i 段墙在形心处的附加轴力和弯矩，可由墙段两端附加应力 σ_1 和 σ_2 确定。附加轴力为：

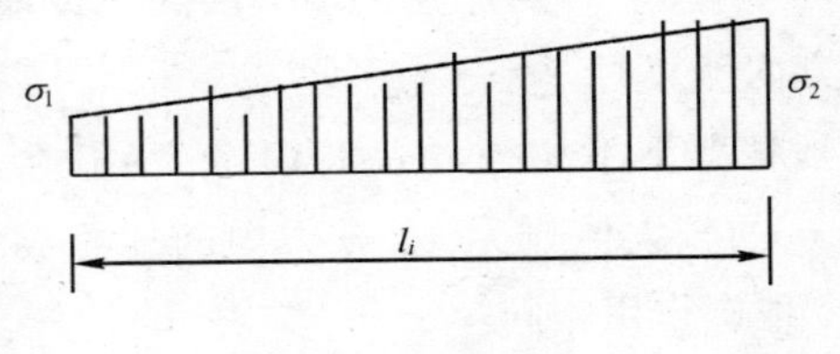

图 5-3 墙段应力

$$N_i = \frac{(\sigma_1 + \sigma_2)}{2} l_i t_i \tag{5-7}$$

附加弯矩为：

$$M_i = \frac{(\sigma_2 - \sigma_1)}{12} l_i^2 t_i \tag{5-8}$$

式中 l_i——i 段墙长度；

t_i——i 段墙厚度。

5.1.3 底框计算地震作用效应调整

底框结构单独计算可采用空间三维计算软件 SATWE 或 TAT，也可采用平面二维计算软件 PK。

5.1.3.1 三维软件(SATWE、TAT)底框计算步骤

(1) 计算各工况荷载内力；

(2) 调整墙、柱地震剪力，使其满足以下两个条件：

1) 底框的纵向和横向地震剪力全部由该方向的抗震墙承担；

2) 框架柱承担的地震剪力，按各抗侧力构件有效侧向刚度比例分配确定；有效侧向刚度的取值，框架不折减，混凝土墙乘以折减系数 0.3，砌体墙乘以折减系数 0.2；

(3) 内力组合与配筋。

5.1.3.2 三维软件(SATWE)地震剪力调整

(1) 抗震墙地震剪力调整

1) x 向地震

i 片抗震墙地震剪力乘以调整系数 $\zeta_{x\mathrm{w}}$：

$$\zeta_{x\mathrm{w}} = \frac{V_x}{\Sigma V_{i\mathrm{w}_x}} \tag{5-9}$$

式中 $V_{i\mathrm{w}_x}$——调整前 i 片抗震墙在总体坐标系 x 方向的剪力标准值；

V_x——乘以增大系数(1.2～1.5)后的底框 x 向地震层间剪力标准值。

调整后各片抗震墙在总体坐标 x 方向的投影为：

$$\Sigma\zeta_{xw}V_{iw_x}=\Sigma\frac{V_x}{\Sigma V_{iw_x}}V_{iw_x}=V_x\frac{\Sigma V_{iw_x}}{\Sigma V_{iw_x}}=V_x \tag{5-10}$$

满足抗震墙承担100%地震剪力要求。

2）y向地震

参照x向地震。

（2）框架柱地震剪力调整

1）x向地震

i号柱两个方向地震剪力乘以调整系数ζ_x：

$$\zeta_x=\frac{V_x}{\Sigma V_{ic_x}+0.3\Sigma V_{iw_{cx}}+0.2\Sigma V_{iw_{bx}}} \tag{5-11}$$

式中 V_{ic_x}——调整前i号柱地震剪力在总体坐标x方向投影；

$V_{iw_{cx}}$——调整前i片混凝土抗震墙地震剪力在总体坐标x向投影；

$V_{iw_{bx}}$——调整前i片砌体抗震墙地震剪力在总体坐标x向投影。

2）y向地震

参照x向地震。

5.1.3.3 二维软件（PK）计算底框的步骤

（1）在PMCAD主菜单8中计算抗震墙承担的地震剪力，计算原则为：地震剪力全部由抗震墙承担，每片抗震墙承担的地震剪力按抗震墙侧向刚度比例分配；

（2）在PMCAD主菜单8中计算混凝土抗震墙配筋，给出墙体端部纵向钢筋面积和墙体水平分布筋面积；

（3）在PMCAD主菜单8中计算各轴线框架承担的地震剪力，计算原则为：地震层间剪力按各抗侧力构件有效侧向刚度比例分配；有效侧向刚度的取值，框架不折减，混凝土墙乘以折减系数0.3，砌体墙乘以折减系数0.2，即：

$$V_{fi}^{j}=\frac{K_{fi}^{j}}{K_{fi}+0.3K_{cwi}+0.2K_{mwi}}V_i \tag{5-12}$$

式中 V_{fi}^{j}——i 层第 j 榀框架承担的地震层间剪力(一层底框 $i=1$；二层底框 $i=1$ 或 $i=2$)；

V_i——i 层地震层间剪力；

K_{fi}^{j}——由 D 值法求得的 i 层第 j 榀框架侧向刚度；

K_{fi}——i 层各榀框架侧向刚度之和，$K_{fi}=\Sigma K_{fi}^{j}$；

K_{cwi}——i 层各片混凝土抗震墙侧向刚度之和；

K_{mwi}——i 层各片砌体抗震墙侧向刚度之和。

(4) 在 PMCAD 主菜单 4 中生成各轴线平面框架计算数据文件(PK 文件)；

(5) 用 PK 软件计算平面框架各工况内力，进行内力组合、配筋和施工图绘制。

5.1.3.4 二维软件 (PK) 地震力调整

计算结果符合规范要求，地震力不需要调整。

5.1.4 框支墙梁设计

由框架梁和支承在梁上的计算高度范围内的砌体墙所组成的组合构件，称为框支墙梁。墙梁中承托砌体墙的框架梁称为托梁，计算高度范围内的砌体墙简称墙体。

托梁承托的荷载由两部分组成：

(1) 托梁顶面的荷载设计值 Q_1、F_1，取托梁自重及本层楼板的恒荷载和活荷载；

(2) 墙梁顶面的荷载设计值 Q_2，取托梁以上各层墙体自重，以及墙梁顶面以上各层楼板的恒荷载和活荷载。

墙梁设计方法有以下三种：

(1) 全部荷载法

托梁承托全部墙体自重及楼面荷载，Q_2 不折减。

(2) 部分荷载法

对 Q_2 折减，托梁承托部分墙体自重及楼面荷载，例如两层墙体自重和三层楼面荷载、三层墙体自重和四层楼面荷载或四层墙体自重和五层楼面荷载。

(3) 规范算法

考虑墙梁组合作用，对 Q_2 产生的托梁弯矩和支座剪力进行折减(Q_2 不折减)。

墙梁应分别进行托梁使用阶段正截面承载力和斜截面受剪承载力计算、墙体受剪承载力和托梁支座上部砌体局部受压承载力计算，以及施工阶段托梁承载力验算。自承重墙梁可不验算墙体受剪承载力和托梁支座上部砌体局部受压承载力。

5.2 问题解答

5.2.1 对底部框架-抗震墙房屋的层数、高度和最小墙厚有什么限制?

底部框架-抗震墙房屋的砌体墙厚应大于等于240mm，其层数和高度应满足下表要求：

底框房屋层数和总高度限值　　表 5-1

地震烈度	6	7	7.5	8	8.5
高度(m)	22	22		19	
层　数	7	7		6	

5.2.2 底部框架-抗震墙房屋的底部抗震横墙间距应满足什么要求?

底部框架-抗震墙房屋底框部分抗震横墙最大间距应满足下表要求：

底框房屋横墙最大间距　　表 5-2

地震烈度	6	7	7.5	8	8.5
横墙最大间距(m)	21	18		15	

5.2.3 底部框架-抗震墙房屋的抗震墙数量应满足什么要求？

底部框架-抗震墙房屋的抗震墙数量由纵横两个方向的层间刚度比决定(表 5-3)，设置合理的抗震墙数量可使层间刚度比满足下表中的上、下限要求。

层间刚度比限值　　表 5-3

地震烈度	6	7	7.5	8	8.5
底层框架-抗震墙房屋	$1.0 \leqslant K2/K1 \leqslant 2.5$			$1.0 \leqslant K2/K1 \leqslant 2.0$	
底部两层框架-抗震墙房屋	$1.0 \leqslant K3/K2 \leqslant 2.0$ $K2/K1 \approx 1$			$1.0 \leqslant K3/K2 \leqslant 1.5$ $K2/K1 \approx 1$	

注：$K1$、$K2$、$K3$ 分别为第一、第二、第三层侧移刚度。

5.2.4 什么时候可以在底部框架-抗震墙房屋的底部设置砌体抗震墙？

地震烈度为 6、7、7.5 度且总层数不超过五层的底层框架-抗震墙房屋，允许采用嵌砌于框架之间的砌体抗震墙，其余情况应采用钢筋混凝土抗震墙。

底部两层框架-抗震墙房屋不允许设置砌体抗震墙。

5.2.5 底部框架-抗震墙房屋的抗震墙布置应满足哪些要求？

底部框架-抗震墙房屋的抗震墙布置应满足以下要求：

(1) 上部的砌体抗震墙与底部的框架梁或抗震墙应对齐或基本对齐；

(2) 底框部分纵横两个方向的抗震墙应均匀对称布置或基本均匀对称布置。

5.2.6 底部框架-抗震墙房屋的楼盖应满足哪些要求？

底部框架-抗震墙房屋的楼盖应满足下列要求：

(1) 过渡层的底板应采用现浇钢筋混凝土板，板厚不应小于120mm，并应少开洞、开小洞，当洞口尺寸大于800mm时，洞口周边应设置边梁。

(2) 其他楼层，可采用装配式钢筋混凝土楼板或采用现浇钢筋混凝土楼板。

(3) 在过渡层底板和顶板处应设置现浇混凝土圈梁。其他楼层，采用装配式钢筋混凝土楼板时应设现浇圈梁，采用现浇钢筋混凝土楼板时允许不另设圈梁，但楼板沿墙体周边应加强配筋并应与相应的构造柱可靠连接。

5.2.7 底部框架-抗震墙房屋的托墙梁应满足哪些构造要求？

(1) 托梁的截面宽度不应小于300mm，承重墙梁托梁的截面高度不应小于跨度的1/10，自承重墙梁托梁的截面高度不应小于跨度的1/15。

(2) 跨中截面纵向受力钢筋总配筋率不应小于0.6%。

(3) 箍筋的直径不应小于8mm，间距不应大于200mm；梁端在1.5倍梁高且不小于1/5梁净跨范围内，以及上部墙体的洞口处和洞口两侧各500mm且不小于梁高的范围内，箍筋间距不应大于100mm。

(4) 沿托梁高应设腰筋，数量不应少于2ϕ14，间距不应大于200mm。

(5) 托梁的主筋和腰筋应按受拉钢筋的要求锚固在柱内，且支座上部的纵向钢筋在柱内的锚固长度应符合钢筋混凝土框支梁的有关要求。

5.2.8 底部框架-抗震墙房屋的墙梁应满足哪些构造要求?

墙梁设计应符合表 5-4 的规定。墙梁计算高度范围内每跨允许设置一个洞口；洞口边至支座中心的距离，距边支座不应小于 0.15 倍托梁跨度，距中支座不应小于 0.07 倍托梁跨度。对多层房屋的墙梁，各层洞口宜设置在相同位置，并宜上、下对齐。

墙梁的一般规定 **表 5-4**

墙梁类别	砌体总高度 (m)	跨度 (m)	墙梁高跨比 h_w/l_{0i}	托梁高跨比 h_b/l_{0i}	洞宽 b_h/l_{0i}	洞高 h_h
承重墙梁	≤18	≤9	≥0.4	≥1/10	≤0.3	$\leq 5h_w/6$ 且 $h_w-h_h\geq 0.4$m
自承重墙梁	≤18	≤12	≥1/3	≥1/15	≤0.8	

注：1. 对自承重墙梁，洞口至边支座中心的距离不宜小于 0.1 倍托梁跨度，门窗洞上口至墙顶的距离不应小于 0.5m。

2. h_w 为墙体计算高度；l_{0i} 为墙梁计算跨度；b_h 为洞口宽度；h_h 为洞口高度。

5.2.9 底部框架-抗震墙房屋的底部钢筋混凝土抗震墙应满足哪些构造要求?

(1) 抗震墙周边应设置梁(或暗梁)和边框柱(或框架柱)组成的边框，边框梁的截面宽度不宜小于墙板厚度的 1.5 倍，截面高度不宜小于墙板厚度的 2.5 倍；边框柱的截面高度不宜小于墙板厚度的 2 倍。

(2) 抗震墙墙板的厚度不宜小于 160mm，且不应小于墙板净高的 1/20；抗震墙宜开设洞口形成若干墙段，各墙段的高宽比不宜小于 2。

(3) 抗震墙的竖向和横向分布钢筋配筋率不应小于 0.25%，并应采用双排布置；双排分布钢筋间拉筋的间距不应大于 600mm，直径不应小于 6mm。

(4) 抗震墙两端和洞口两侧应设置满足一般部位(非底部加强部位)规定的构造边缘构件。

5.2.10　底层框架-抗震墙房屋的底层砌体抗震墙应满足哪些构造要求？

(1) 墙厚不应小于 240mm，砌筑砂浆强度等级不应低于 M10，应先砌墙后浇框架。

(2) 沿框架柱每隔 500mm 配置 $2\phi6$ 拉结钢筋并沿砖墙全长设置；在墙体半高处尚应设置与框架柱相连的钢筋混凝土水平系梁。

(3) 墙长大于 5m 时，应在墙内增设钢筋混凝土构造柱。

5.2.11　底部框架-抗震墙房屋的材料强度等级应满足哪些要求？

(1) 框架柱、抗震墙和托墙梁的混凝土强度等级不应低于 C30。

(2) 过渡层墙体的块体强度等级不应低于 MU10。

(3) 过渡层墙体的砂浆强度等级不应低于 M10，其余墙体的砂浆强度等级不应低于 M5。

5.2.12　计算底框风荷载时考虑风振了吗？

底框风荷载计算未考虑风压脉动对结构发生顺风向风振的影响，取风振系数 $\beta_z=1$。

5.2.13　SATWE、TAT 软件可以计算底框风荷载内力吗？

SATWE 软件目前没有底框风荷载内力计算功能，使用 TAT 软件可以计算底框风荷载内力。

5.2.14　PMCAD 软件和 TAT 软件均有风荷参数，底框风荷载是由 PMCAD 还是 TAT 确定？

底框风荷载由 PMCAD 确定，TAT 读取 PMCAD 生成的数据文件。

5.2.15 底框风荷载内力计算是否考虑了上部风荷载对底框施加的倾覆弯矩?

TAT 软件计算底框风荷载内力时考虑了上部风荷载对底框施加的倾覆弯矩，并将倾覆弯矩转化为作用于墙、柱顶部的竖向荷载。

在 TAT 中通过点取主菜单 2 数据检查和图形检查→特殊荷载查看和定义→砖混底框 L 可以查看作用于底框上的水平风荷载和倾覆弯矩，如图 5-4 所示。

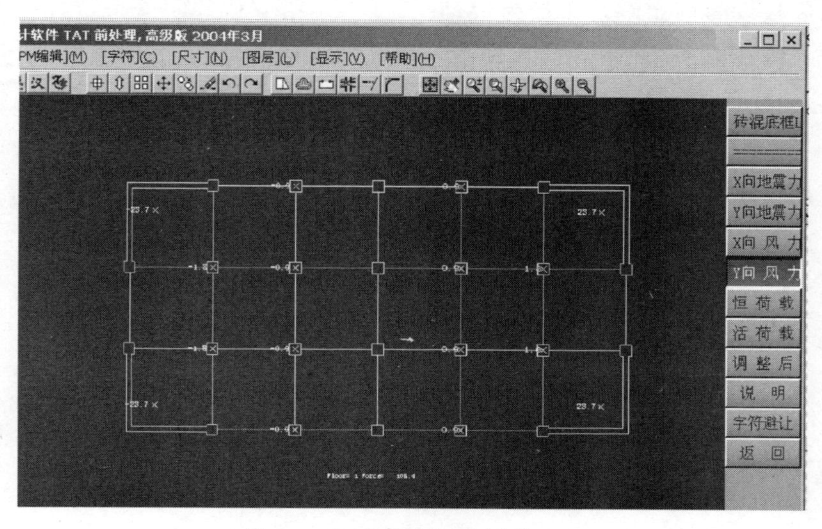

图 5-4 TAT 底框风荷图形显示

5.2.16 什么是楼层侧移刚度?

在某一楼层顶板刚度中心沿 ξ 方向施加水平力 F，在 ξ 方向产生相对该楼层底板(或地面)的相对水平位移 Δ，则 ξ 方向的楼层侧移刚度 K 定义如下：

$$K=\frac{F}{\Delta} \tag{5-13}$$

5.2.17 PMCAD 计算楼层侧移刚度的基本假定是什么?

侧移刚度计算的基本假定如下:

(1) 楼板为刚体，在平面内只平动不扭转，在平面外不弯曲。

(2) 计算某层侧移刚度时，底板设为固定端，顶板为滚动支座(图 5-5)。

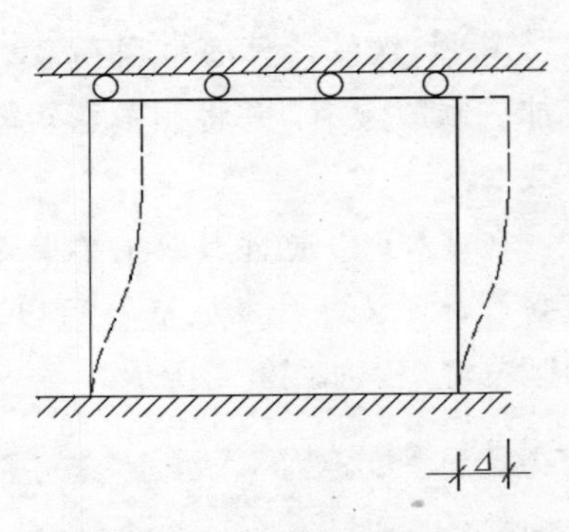

图 5-5 墙体侧移刚度

(3) 计算框架柱侧移刚度只考虑弯曲变形，计算混凝土抗震墙和砌体抗震墙侧移刚度同时考虑弯曲变形和剪切变形。

5.2.18 如何计算框架柱的侧移刚度?

框架柱侧移刚度只考虑弯曲变形。j 层某框架柱的侧移刚度为:

$$K_c=\frac{12E_cI_c}{H_j^3} \tag{5-14}$$

式中 K_c——框架柱侧移刚度;

E_c——混凝土弹性模量;

I_c——框架柱截面惯性矩;

H_j——第 j 层层高。

5.2.19 如何计算混凝土抗震墙的侧移刚度?

混凝土抗震墙侧移刚度计算分三种情况:

(1) 无洞口混凝土抗震墙

$$K_{cw}=\frac{1}{\frac{3H_j}{E_cA_w}+\frac{H_j^3}{12E_cI_w}} \tag{5-15}$$

式中　K_{cw}——混凝土抗震墙侧移刚度；

E_c——混凝土弹性模量；

A_w——混凝土抗震墙的截面面积；

I_w——混凝土抗震墙的惯性矩；

H_j——第 j 层层高。

（2）小洞口混凝土抗震墙

$$K_{cw}=\frac{1-1.2\alpha}{\frac{3H_j}{E_cA_w}+\frac{H_j^3}{12E_cI_w}} \tag{5-16}$$

$$\alpha=\sqrt{\frac{b_hh_h}{l_wH_j}}\leqslant 0.4 \tag{5-17}$$

式中　α——洞口影响系数；

b_h——洞口宽度(见图 5-6)；

h_h——洞口高度(见图 5-6)；

l_w——抗震墙的长度(见图 5-6)。

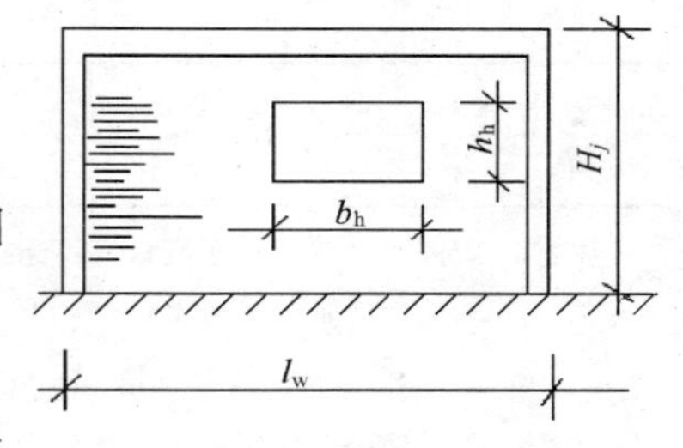

图 5-6　小洞口混凝土抗震墙

（3）大洞口混凝土抗震墙

当洞口影响系数 α 大于等于 0.6 或洞口高度大于等于 0.8 倍层高时，墙体侧移刚度等于洞口两侧墙段侧移刚度之和。

PMCAD 目前版本对带洞口混凝土抗震墙均按小洞口混凝土抗震墙处理，对大洞口混凝土抗震墙，用户应在结构建模时将墙段作为独立墙体输入。

5.2.20　如何计算砌体抗震墙的侧移刚度？

砌体抗震墙侧移刚度计算未考虑构造柱的影响。

$$K_{mw}=\Psi_h\lambda_m\frac{E_m A_{mn}}{3H_j} \qquad (5\text{-}18)$$

$$\lambda_m=\frac{1}{1+\dfrac{A_{mn}H_j^2}{36I_{cm}}} \qquad (5\text{-}19)$$

式中 K_{mw}——砌体抗震墙侧移刚度；

E_m——砌体弹性模量；

H_j——第 j 层层高；

A_{mn}——抗震墙扣除洞口后的砌体水平截面净面积；

I_{cm}——抗震墙截面惯性矩；

l_m——抗震墙的长度；

λ_m——弯曲变形影响系数，当 $H_j/l_m<1$ 时，取 $\lambda_m=1$；

Ψ_h——洞口影响系数，按表 5-5 采用，表中 Σb_{hi} 为洞口宽度之和，无洞口时 $\Psi_h=1.0$。

洞口影响系数 Ψ_h **表 5-5**

$\Sigma b_{hi}/l_m$	0.1	0.2	0.3	0.4	0.5	0.6
Ψ_h	0.98	0.94	0.88	0.76	0.68	0.56

注：1. 砌体墙公式适用于洞口高不超过 $0.8H_j$，当洞口高超过 $0.8H_j$ 时，洞口两侧墙体按独立墙段考虑；

2. 洞口高小于 $0.50H_j$ 时，Ψ_h 可增大 10%(乘以 1.1)；

3. 洞口中心线偏离墙中心线大于 $l_m/4$，Ψ_h 应减少 10%(乘以 0.9)。

5.2.21 计算混凝土抗震墙侧移刚度考虑作为边框的框架柱作用了吗？

《抗震规范》7.5.5 条规定，底部钢筋混凝土抗震墙周边应设置梁(或暗梁)和边框柱(或框架柱)组成的边框，当框架柱作为抗震墙边框柱，计算混凝土抗震墙侧移刚度应把抗震墙和框架柱作为组合构件，考虑框架柱的作用。PMCAD 目前版本设置了一个参数，由用户选择计算混凝土抗震墙侧移刚度是否考虑作为边框柱的框架柱作用。

【例题 5-1】 某底层框框-抗震墙房屋，底层层高 3m。底层有一片带边框混凝土抗震墙，框架柱作为边框柱，墙板中间开两道竖缝，截面尺寸如图 5-7 所示。试计算①、③墙段截面面积和截面惯性矩。

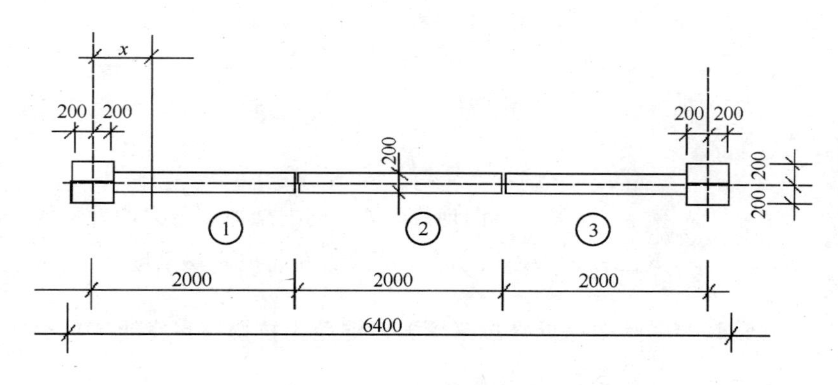

图 5-7 开竖缝抗震墙

【解】

截面面积：$A=400\times400+1800\times200=520000\text{mm}^2$

形心： $x=\dfrac{1800\times200\times(900+200)}{A}=762\text{mm}$

截面惯性矩：
$$I=\frac{400\times400^3}{12}+400\times400\times762^2+\frac{200\times1800^3}{12}+200\times1800\times(1100-762)^2=2.33\times10^{11}\text{mm}^4$$

5.2.22 PMCAD 计算斜交框架方向的地震作用和层间刚度比有何用途？

用二维软件 PK 计算底框结构时，需要求出各框架方向，其中包括 x、y 方向和各斜交框架方向的地震作用，作用在某榀平面框架上的水平地震作用是房屋沿该框架方向地震时其所分担的地震作用。

某一斜交框架方向的层间刚度比仅用于计算沿该斜交框架方向（ξ方向）地震时与该方向同向的各斜交框架地震剪力的增大系数η_ξ，即：

$$\eta_\xi=\begin{cases}1+0.17\left(\dfrac{K_{2\xi}}{K_{1\xi}}\right) & \text{（一层底框）}\\[2ex] 1+0.17\left(\dfrac{K_{3\xi}}{K_{2\xi}}\right) & \text{（二层底框）}\end{cases} \tag{5-20}$$

$$(1.2\leqslant\eta_\xi\leqslant1.5)$$

式中 η_ξ——沿ξ方向地震时ξ方向框架地震剪力增大系数；

$K_{1\xi}$、$K_{2\xi}$、$K_{3\xi}$——房屋1、2、3层的ξ方向抗侧移刚度。

5.2.23 什么是低矮抗震墙？对混凝土抗震墙高宽比有什么要求？

通常把高宽比小于1的钢筋混凝土抗震墙称为低矮抗震墙。

低矮抗震墙的抗侧力刚度和承担的地震剪力较大，变形和耗能能力较差，破坏形式为剪切破坏，一旦墙体开裂或丧失承载能力，将对其他抗侧力构件产生很不利影响。因此，在实际工程中应避免使用低矮抗震墙。

底层框架-抗震墙房屋的底层钢筋混凝土抗震墙，宜开设洞口形成若干墙段，各墙段的高宽比不宜小于2。对不便开设洞口的带边框低矮墙，应在墙中设置竖缝使墙体分成两个或三个高宽比大于1.5的墙板单元[10]。

对底部两层框架-抗震墙房屋的底部两层钢筋混凝土抗震墙，宜在一、二层开设洞口形成若干墙段，各墙段的高宽比不宜小于2。

如底层框架-抗震墙房屋的底层钢筋混凝土抗震墙通过设竖缝分成几个墙段，结构建模时各墙段应作为独立墙体分别输入。

5.2.24　带边框混凝土抗震墙中间开竖缝后应采取哪些构造措施？

底层框架-抗震墙房屋带边框底层钢筋混凝土抗震墙开竖缝后应采取以下构造措施[10]：

（1）开竖缝至梁底，使墙体分成两个或三个高宽比大于1.5的墙板单元，水平钢筋在竖缝处断开。

（2）竖缝处应放置两块预制的钢筋网砂浆板或钢筋混凝土板，其每块厚度可为40mm，宽度与墙的厚度相同。

（3）竖缝两侧应设暗柱，暗柱的截面范围为1.5倍的墙厚，暗柱的纵筋不宜小于4ϕ16，箍筋可采用ϕ8，箍筋间距不宜大于200mm。

（4）边框梁箍筋除其他加密要求外，还应在竖缝两侧1.0倍的梁高范围内加密，箍筋间距不应大于100mm。

5.2.25　怎样处理剪力墙超筋？

混凝土剪力墙超筋的原因是剪力墙设置过少。

底框结构底部剪力墙的数量由构造要求和层间刚度比控制。混凝土墙的侧移刚度由剪切刚度和弯曲刚度组成，而弯曲刚度与墙宽的立方成正比，因此，墙体越宽，需要的墙体数量就越少。但是，墙体越少，每片墙的内力就越大，就越容易出现超筋。

由于底部剪力墙的高度较低（一层或两层），墙体较宽时容易形成破坏形式为剪切破坏的低矮抗震墙，《抗震规范》7.5.5条作出了底部抗震墙宜开设洞口形成若干墙段，各墙段的高宽比不宜小于2的规定。对不便开设洞口的底层框框-抗震墙房屋的底层带边框抗震墙，应在墙中设置竖缝使墙体分成两个或三个高宽比大于1.5的墙板单元[10]。

在满足剪力墙高宽比的前提下，通过调整剪力墙数量，使层间刚度比落在许可范围内，剪力墙超筋是可以避免的。

【例题 5-2】 某底层框架-抗震墙房屋，底层层高 3m。底层有一片混凝土抗震墙，墙宽 3m，墙厚 200mm，高宽比为 1，不满足要求。在墙中间开一道竖缝，墙体分为两段，每墙段宽 1.5m，高宽比为 2，满足要求。试比较开缝前后墙体的侧移刚度。

【解】

(1) 开竖缝前墙体侧移刚度

墙体截面面积 $A_w = 3000 \times 200 = 600000\text{mm}^2$

墙体截面惯性矩

$$I_w = \frac{200 \times 3000^3}{12} = 4.5 \times 10^{11}\text{mm}^4$$

墙体侧移刚度

$$K_{cw} = \frac{1}{\dfrac{3H_j}{E_c A_w} + \dfrac{H_j^3}{12E_c I_w}} = \frac{E_c}{\dfrac{3 \times 3000}{600000} + \dfrac{3000^3}{12 \times 4.5 \times 10^{11}}} = 50E_c$$

(2) 开竖缝后墙体侧移刚度

每一墙段截面面积 $A_w = 1500 \times 200 = 300000\text{mm}^2$

每一墙段截面惯性矩

$$I_w = \frac{200 \times 1500^3}{12} = 0.5625 \times 10^{11}\text{mm}^4$$

每一墙段侧移刚度

$$K_{cw} = \frac{1}{\dfrac{3H_j}{E_c A_w} + \dfrac{H_j^3}{12E_c I_w}} = \frac{E_c}{\dfrac{3 \times 3000}{300000} + \dfrac{3000^3}{12 \times 0.5625 \times 10^{11}}}$$

$$= 14.29E_c$$

两个墙段侧移刚度之和：

$$K'_{cw} = 2 \times 14.29E_c = 28.58E_c$$

(3) 开竖缝前后墙体的侧移刚度比较

$$\frac{\text{开竖缝前整片墙体侧移刚度}}{\text{开竖缝后两墙段侧移刚度之和}} = \frac{50E_c}{28.58E_c} = 1.75$$

上式表明，开竖缝前 3m 宽墙体侧移刚度是开竖缝后两个 1.5m 宽墙体侧移刚度的 1.75 倍。换句话说，层高 3m 时，为了保持侧移刚度不减，将某一 3m 宽墙体中间开竖缝变为两个 1.5m 宽墙段后，需要再增加 1.5 个 1.5m 宽的墙段。

5.2.26 如何确定底框结构框架和抗震墙的抗震等级?

根据《抗震规范》7.1.10 条，底部框架-抗震墙房屋的框架和抗震墙的抗震等级由表 5-6 确定。

框架、抗震墙的抗震等级 **表 5-6**

烈　　度	6	7	7.5	8	8.5
抗震等级	三	二		一	

5.2.27 底层设置砌体抗震墙的底层框架-抗震墙结构用什么软件分析合适?

SATWE、PK 软件可适用于同时设置钢筋混凝土抗震墙和砌体抗震墙的底层框框-抗震墙结构，TAT 软件仅适用于设置钢筋混凝土抗震墙的底框结构。

5.2.28 底部结构既可用三维软件 SATWE、TAT 计算，也可用二维软件 PK 计算，用哪一软件计算比较好?

建议用户优先使用 SATWE、TAT 软件，对底框结构作空间分析。

5.2.29 在 SATWE、TAT 软件中如何查看作用在底框托梁上的竖向荷载?

SATWE 执行完主菜单 1 接 PM 生成 SATWE 数据和主菜单 2 结构分析与结构内力计算后，再执行主菜单 1 接 PM 生成 SATWE

数据，在图 5-8 所示的对话框中选择图形检查与修改选择框，通过执行 3. 各层恒载简图和 4. 各层活载简图菜单可以查看上部砌体结构传给底框托梁的恒载和活载。

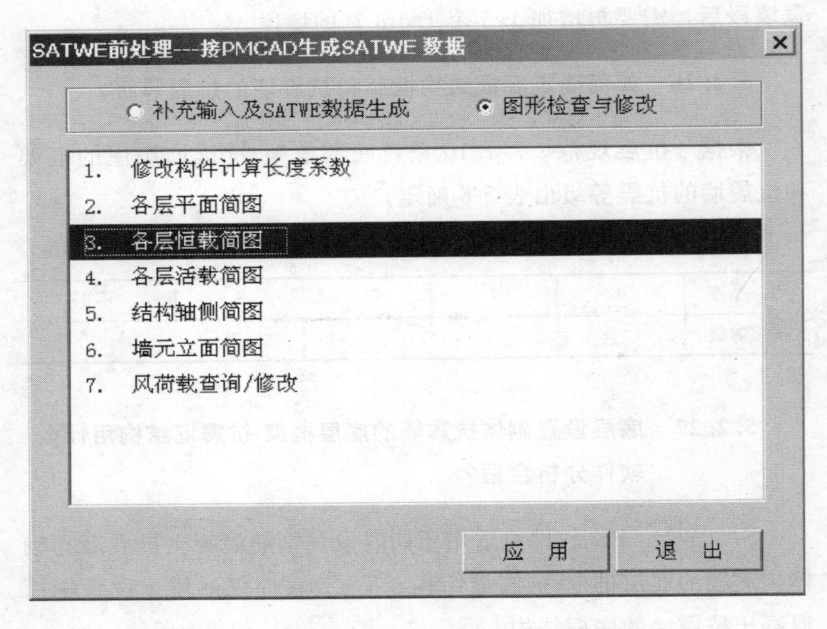

图 5-8 SATWE 图形检查与修改对话框

TAT 可通过执行主菜单 2 数据检查和图形检查→特殊荷载查看和定义→砖混底框 L，查看上部砌体结构传给底框托梁的恒载和活载。

5.2.30 用 PK 计算底框结构时，为什么作用在 PK 框架上的节点竖向荷载不等于 PMCAD 底框荷载图中的节点竖向荷载？

PMCAD 形成 PK 平面框架时，除将作用在柱顶的集中力传给 PK 外，还将与平面框架相交的梁的端部剪力传给 PK。计算梁的端部剪力时考虑了梁的自重。

5.2.31　如何查看砌体结构和底框结构传给基础的荷载?

砌体房屋：在PMCAD一层墙轴力图中，大片墙轴力设计值(kN/m)即为传给基础的荷载。

底框结构：用SATWE软件计算，在主菜单5分析结果图形和文本显示中点取7.底层柱、墙最大组合内力简图菜单，可以查看基础设计荷载。用TAT软件计算，在主菜单5分析结果图形和文本显示中点取7.绘底层柱、墙最大组合内力图DCNL*.T菜单，可以查看基础设计荷载。

5.2.32　底框-抗震墙房屋中，砌体部分的挑梁荷载应如何输入?

对于每层都设有挑梁的底框结构，不应将挑梁上的墙体作为承重墙输入(图5-9*a*)，而应作为线荷载输入(图5-9*b*)，否则，上部荷载会全部传到底框的挑梁上。

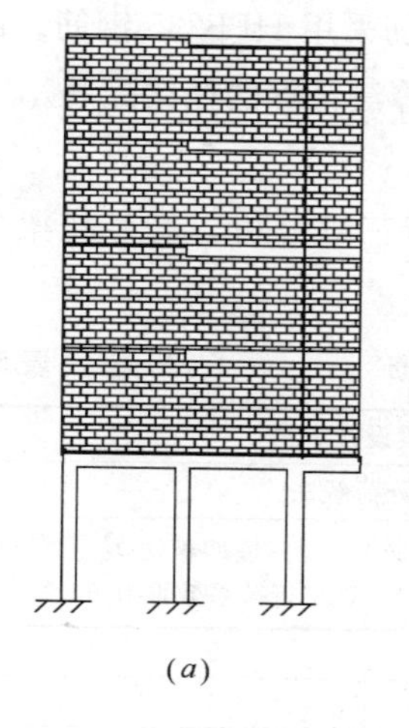

(*a*)

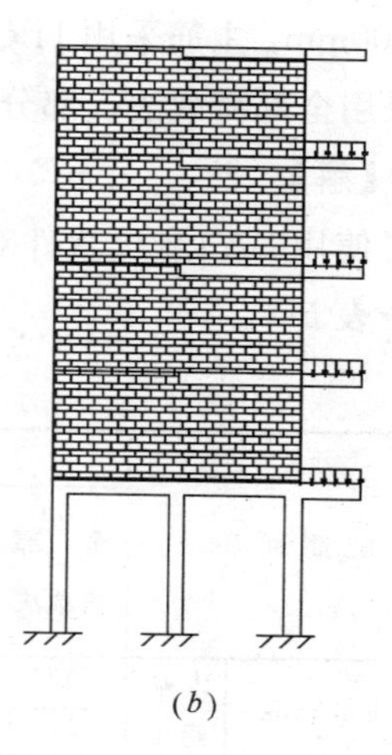

(*b*)

图5-9　底框房屋挑梁荷载

5.2.33 PMCAD提供了几种墙梁设计方法供用户选择？各种方法有何区别？

PMCAD提供了3种方法设计墙梁：

(1) 全部荷载法

托梁考虑承托的全部墙体自重及导算到墙体上的楼面荷载，按受弯构件计算。

(2) 部分荷载法

托梁考虑承托的部分墙体自重及导算到墙体上的楼面荷载，例如两层墙体自重和三层楼面荷载、三层墙体自重和四层楼面荷载或四层墙体自重和五层楼面荷载，按受弯构件计算。

(3) 规范算法

考虑墙梁组合作用，对 Q_2 产生的弯矩和支座剪力进行折减，托梁跨中截面按偏心受拉构件计算，支座截面按受弯构件计算。

【例题5-3】 某6层底层框架-抗震墙房屋，抗震设防烈度6度，其中③号托梁截面宽350mm，截面高700mm，梁端箍筋间距100mm，主筋采用HRB335钢筋，箍筋采用HPB235钢筋。试比较采用全部荷载法、部分荷载法和规范算法计算的托梁配筋。

【解】

使用SATWE软件对底框结构进行三维分析，③号托梁配筋列于表5-7。

③号托梁配筋　　表5-7

配筋面积		墙梁设计方法			
		全部荷载法	部分荷载法		规范算法
			四墙五板法（Q_2 折减系数取0.8）	三墙四板法（Q_2 折减系数取0.6）	
梁上部纵筋（cm^2）	左端	14	11	9	14
	跨中	0	0	0	0
	右端	20	16	13	15

续表

配筋面积		墙梁设计方法			
		全部荷载法	部分荷载法		规范算法
			四墙五板法（Q_2 折减系数取 0.8）	三墙四板法（Q_2 折减系数取 0.6）	
梁下部纵筋（cm^2）	左端	7	7	7	10
	跨中	34	27	20	17
	右端	7	7	7	10
梁端箍筋（cm^2）	左端	2.6	1.9	1.2	2.5
	右端	0.9	0.7	0.6	0.9

5.2.34 墙梁计算应该包括哪些内容？

根据《砌体规范》7.3.5 条，表 5-8 列出了墙梁计算应包括的内容。

墙梁计算内容　　表 5-8

阶段	计算内容	墙梁类别	
		承重墙梁	自承重墙梁
使用阶段	托梁正截面承载力计算	√	√
	托梁斜截面受剪承载力计算	√	√
	墙体受剪承载力计算	√	
	托梁支座上部砌体局部受压承载力计算	√	
施工阶段	托梁正截面承载力计算	√	√
	托梁斜截面受剪承载力计算	√	√

注：√表示应该计算的内容。

5.2.35 采用部分荷载法计算墙梁，如何确定上部墙体传给托梁荷载的折减系数？

上部墙体传给托梁荷载的折减系数一般不宜小于 0.6，可根据托梁上部砌体楼层数和工程经验确定。

5.2.36　选择按规范方法设计墙梁，如何查看 Q_2 作用下墙体受剪承载力验算结果？

PMCAD目前版本没有验算墙体受剪承载力功能，需用户自行校验。

5.2.37　如何计算非连续框支墙梁？

非连续框支墙梁的定义为：底框结构某一轴线框架的一跨或多跨框架梁上无砌体墙，其余跨框架梁上有砌体墙，如图 5-10 所示。

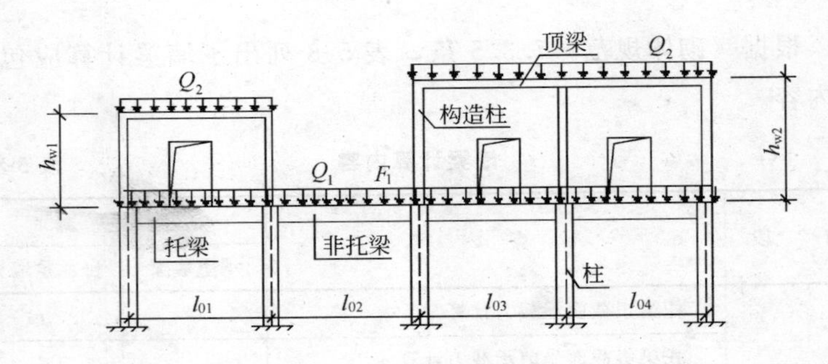

图 5-10　非连续框支墙梁

非连续墙梁应分段计算，每段墙梁的跨度平均值 l_0 取该段墙梁各跨跨度的平均值，而非整个框架的跨度平均值。由于墙梁计算高度由下式确定：

$$h_w = \min\begin{Bmatrix} \text{过渡层墙体高度} \\ l_0 \end{Bmatrix} \tag{5-21}$$

所以，各段墙梁计算高度不一定相等。

非连续墙梁的计算荷载，按下列规定采用：

(1) 承重墙梁

1）各跨框架梁顶面的荷载设计值 Q_1、F_1，取梁自重及本层楼板的恒荷载和活荷载；

2）各分段墙梁顶面的荷载设计值 Q_2，取托梁以上各层墙体自重，以及墙梁以上各层楼板的恒荷载和活荷载。

（2）自承重墙梁

1）上部无砌体墙的框架梁顶面的荷载设计值 Q_1，取梁自重；

2）各分段墙梁顶面的荷载设计值 Q_2，取托梁自重及托梁以上墙体自重。

承托上部砌体墙的框架梁，按《砌体规范》托梁设计方法设计；不承托上部砌体墙的框架梁为非托梁，按普通框架梁设计。

非托梁正截面承载力和斜截面受剪承载力按混凝土受弯构件计算，其弯矩和剪力由以下公式确定：

$$M_b = M_{1i} + M_{2i} \tag{5-22}$$

$$V_b = V_{1i} + V_{2i} \tag{5-23}$$

式中 M_b——非托梁截面弯矩；

V_b——非托梁截面剪力；

M_{1i}、V_{1i}——在 Q_1、F_1 作用下按框架分析的非托梁截面弯矩和剪力；

M_{2i}、V_{2i}——在 Q_2 作用下按框架分析的非托梁截面弯矩和剪力。

通常非托梁跨中组合弯矩为负值，梁上部受拉。

非连续墙梁的墙体受剪承载力和托梁支座上部砌体局部受压承载力计算与连续墙梁相同。

5.2.38 SATWE、TAT 和 PK 软件给出了框支墙梁的托梁配筋，如何计算简支墙梁的托梁配筋？

简支墙梁的托梁配筋由 GJ 程序[3]计算。

5.2.39 PMCAD 可以计算内框架结构吗？

PMCAD 目前尚无计算内框架结构功能。

第6章 小砌块房屋

6.1 基本原理

《抗震规范》规定，建造在地震区的小砌块砌体房屋(不包括配筋混凝土小型空心砌块砌体房屋)应根据抗震设防烈度和房屋层数，按表6-1设置钢筋混凝土芯柱，对医院、教学楼等横墙较少的房屋，应根据房屋增加一层后的层数，按表6-1的要求设置芯柱。

小砌块房屋芯柱设置要求　　表6-1

<table>
<tr><th colspan="3">房屋层数</th><th rowspan="2">设置部位</th><th rowspan="2">设置数量</th></tr>
<tr><th>6度</th><th>7度</th><th>8度</th></tr>
<tr><td>四、五</td><td>三、四</td><td>二、三</td><td>外墙转角，楼梯间四角；大房间内外墙交接处；隔15m或单元横墙与外纵墙交接处</td><td rowspan="2">外墙转角，灌实3个孔；内外墙交接处，灌实4个孔</td></tr>
<tr><td>六</td><td>五</td><td>四</td><td>外墙转角，楼梯间四角；大房间内外墙交接处；山墙与内纵墙交接处，隔开间横墙(轴线)与外纵墙交接处</td></tr>
<tr><td>七</td><td>六</td><td>五</td><td>外墙转角，楼梯间四角；各内墙(轴线)与外纵墙交接处；8、9度时，内纵墙与横墙(轴线)交接处和洞口两侧</td><td>外墙转角，灌实5个孔；内外墙交接处，灌实4个孔；内墙交接处，灌实4～5个孔；洞口两侧各灌实1个孔</td></tr>
<tr><td></td><td>七</td><td>六</td><td>同上；
横墙内芯柱间距不宜大于2m</td><td>外墙转角，灌实7个孔；内外墙交接处，灌实5个孔；内墙交接处，灌实4～5个孔；洞口两侧各灌实1个孔</td></tr>
</table>

为了增强对砌块砌体的约束和方便施工，在外墙转角、内外墙交接处、楼电梯间四角等部位，可以采用钢筋混凝土构造柱替代部分芯柱。

布置在墙体交点和墙体自由端的构造柱可采用与墙体交点形状相同的截面形式，即在L形节点采用L形截面、T形节点采用T形截面、十字形节点采用十字形截面、墙体端点采用矩形截面，见图6-1。

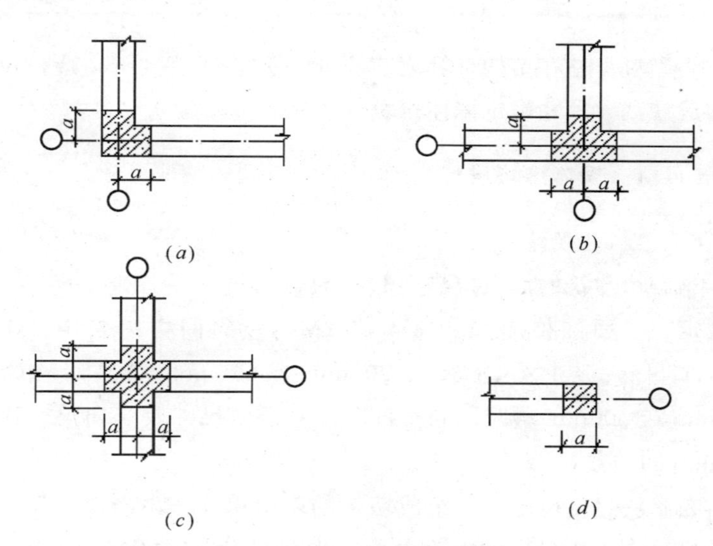

图 6-1　构造柱截面示意图

构造柱长度参数 a、纵筋直径、箍筋直径和间距可根据房屋层数和设防烈度由表6-2确定。

构造柱长度参数、纵筋直径、箍筋直径和间距　　表 6-2

房屋层数			构造柱长度参数 a(mm)				纵筋直径	箍筋直径与间距
6度	7度	8度	L形构造柱	T形构造柱	十字形构造柱	矩形构造柱		
≤6	≤5	≤4	100	100	0	0	ϕ12	ϕ6@250

续表

房屋层数			构造柱长度参数 a(mm)				纵筋直径	箍筋直径与间距
6度	7度	8度	L形构造柱	T形构造柱	十字形构造柱	矩形构造柱		
7	6	5	100	100	100	0	$\phi14$	$\phi6$@200
	7	6	200	200	100	200	$\phi14$	$\phi8$@200
≥7		≥6	300	200	200	300	$\phi14$	$\phi8$@150

小砌块房屋在结构计算之前应先根据芯柱位置、构造柱位置和构造柱截面尺寸确定墙体排块。

6.1.1 墙体排块设计

6.1.1.1 模数

小砌块建筑的模数应满足建筑模数协调统一标准 GBJ 2—86 的规定，平面网格应采用 3M 或 2M，竖向网格应采用 2M 或 1M，即平面开间及进深以 300mm 或 200mm 增减，层高以 200mm 或 100mm 增减。同时，墙段的平面尺寸及竖向尺寸应为 100mm 的倍数。

在砌块建筑设计中，组成墙体的基本单元—小砌块的尺寸有实际尺寸与标志尺寸之分[11]，标志尺寸为砌块实际尺寸加上 10mm 灰缝，如常用的承重墙主砌块 K422 的实际尺寸为 390mm(长)×190mm(宽)×190mm(高)，而在建筑设计图纸中采用的标志尺寸为 400mm×200mm×200mm(图 6-2)。

小砌块建筑设计的合理模数应为 2M，设计时应优先采用这一模数。

6.1.1.2 砌筑 200mm 厚墙常用小砌块型号及规格特征

砌筑 200mm 厚墙常用小砌块型号及规格特征见表 6-3，小砌块轴测图见图 6-3。

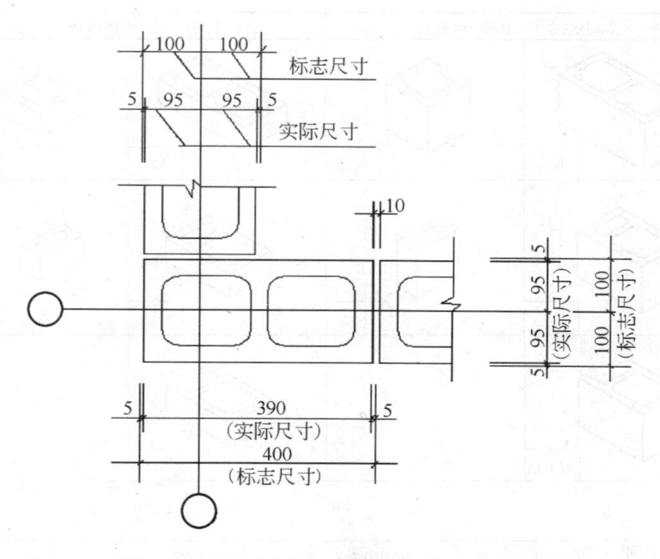

图 6-2　标志尺寸与砌块实际尺寸的关系

常用小砌块规格特征表　　**表 6-3**

砌块型号	简　称	外型尺寸(长×厚×高)(mm)	空心率(%)	用　　途
K422	4	390×190×190	49.04	承重墙主砌块
K322	3	290×190×190	43.47	承重墙辅助砌块
K322A	3A	290×190×190	49.85	组合芯柱砌块
K222	2	190×190×190	43.30	承重墙辅助砌块
G3		290×190×190		过梁砌块
G3A		290×190×190		过梁砌块
G2		190×190×190		过梁砌块
X1		390×190×190		芯柱底块
X2		390×190×190		芯柱底块

6.1.1.3　排块原则

(1) 排块仅考虑 200mm 墙厚；

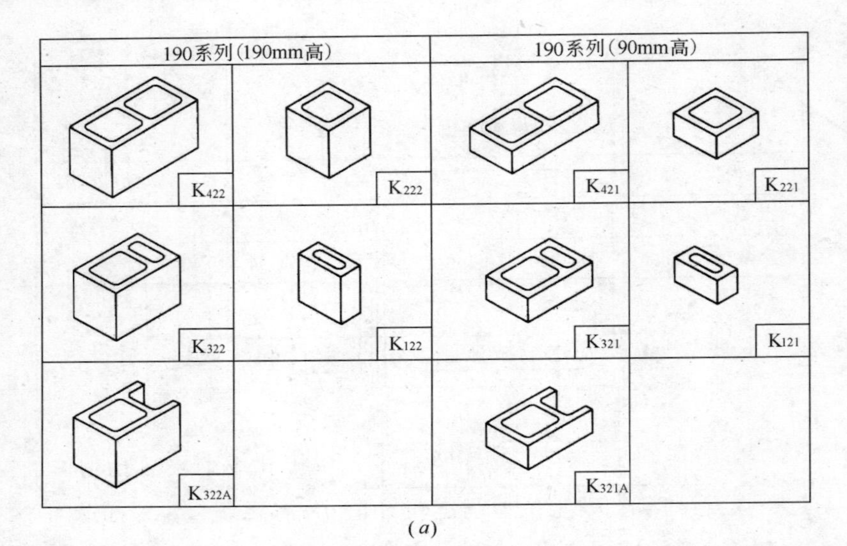

(a)

90系列(190mm宫)		90系列(90mm高)		过梁砌块	芯柱开口块
K412		K411		G3	X1
K312		K311			X2
K212	K112	K211	K111	G2	

(b)

图 6-3　小砌块轴测图

(a)190 系列小砌块轴测图；(b)90 系列小砌块及过梁砌块、芯柱开口块轴测图

(2) 尽量采用 K422 主砌块，少用辅助砌块；

(3) 尽量采用 K422、K222 组合，上下层砌块应对孔、错缝搭砌，搭接长度一般为 200mm，有特殊需要时，其搭接长度不得小于 100mm；

(4) 排块应考虑芯柱设置，在墙体转角、墙体交接处及门、窗洞口两边应保证砌块芯孔上下贯通；

(5) 构造柱与砌块墙连接处应砌成马牙槎，马牙槎长 200mm；

(6) 洞口宽度大于等于 1800mm 时，采用预制或现浇过梁；洞口宽度小于 1800mm 时，采用过梁砌块 G3、G2、G3A，也可采用预制或现浇过梁；

(7) 每层第一皮在芯柱设置处布置芯柱开口块 X1、X2 或过梁砌块 G2。

6.1.1.4　排块

排块以墙体两相邻皮(奇数皮和偶数皮)砌块为基本单元，设置芯柱时，第一皮应布置芯柱开口块。

(1) 节点排块

L 形节点、T 形节点、十字形节点和有构造柱节点排块见图 6-4。图中每皮圆圈内的砌块是固定砌块，不能更换。有斜墙时，在斜墙与直墙交接处应设置异形构造柱(图 6-5)，否则，此交接处无法排块。

(2) 墙片排块

任一轴线墙体与其他轴线墙体相交，相邻交点之间的墙体称为墙片。墙片是排块的基本单位，墙片分无洞口墙片和有洞口墙片。

在图 6-6 所示图中，A 墙片是典型的开洞墙片，B 墙片是不开洞墙片。

开洞墙片的排块是以不开洞墙片的排块为基础的。下面先介绍不开洞墙片的排块。

不开洞墙片的左右端点是墙体的交接处或墙片自由端，交接处交点的形式可能是 L 形、T 形、十字形砌块节点或构造柱节点。

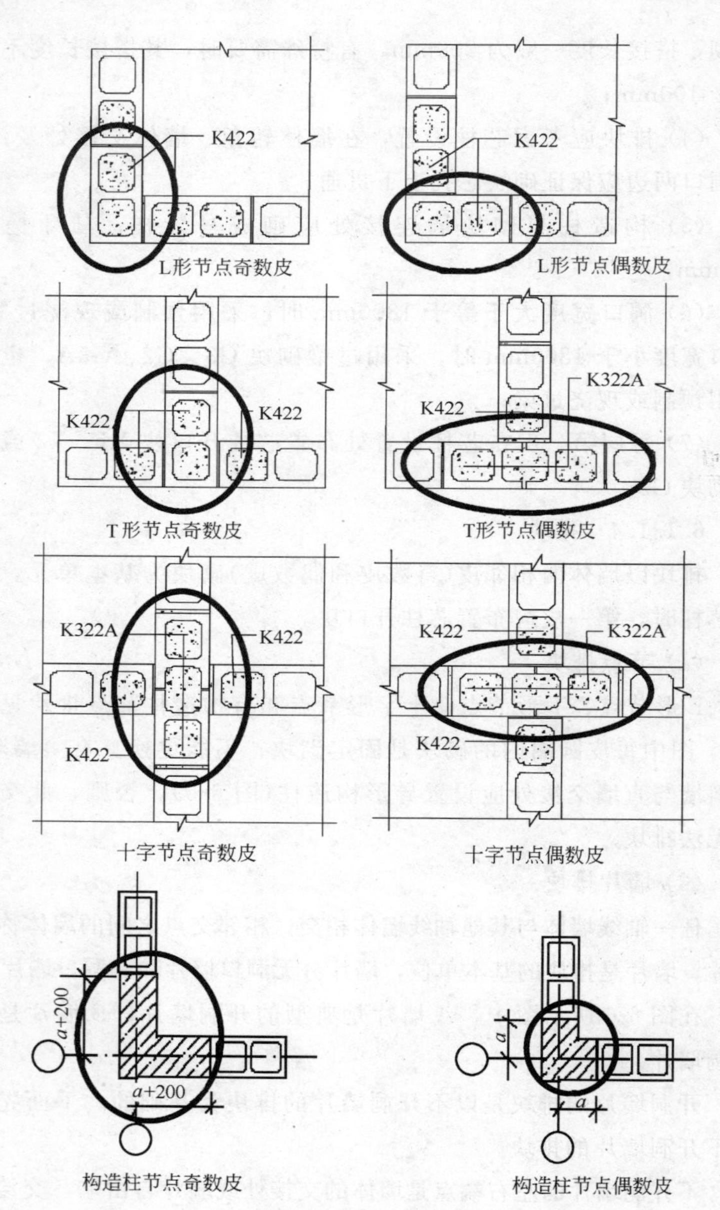
K422
L形节点奇数皮
K422
L形节点偶数皮
K422
K422
T形节点奇数皮
K322A
K422
T形节点偶数皮
K322A
K422
K422
十字节点奇数皮
K422
K322A
K422
十字节点偶数皮
a+200
a+200
构造柱节点奇数皮
a
a
构造柱节点偶数皮

图 6-4　节点排块

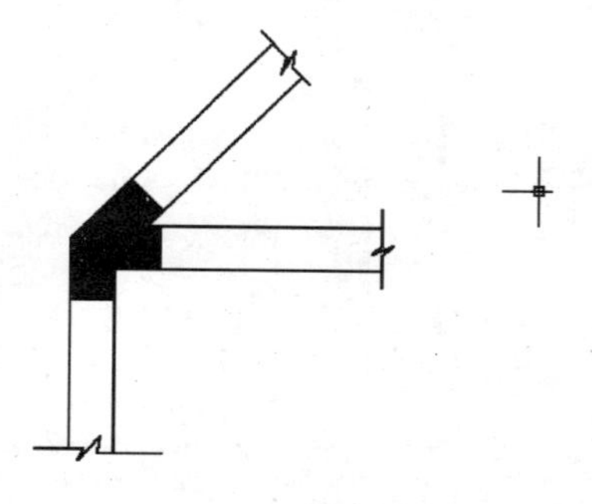

图 6-5　斜墙与直墙交接处的异形构造柱节点

不开洞墙片的排块主要包含三部分内容：①计算奇、偶数皮排块长度；②根据排块长度确定每皮各型号砌块用量；③排块。

1）奇、偶数皮排块长度

奇、偶数皮排块长度由下列公式计算：

$$L_o = L - L_{lo} - L_{ro} \tag{6-1}$$

$$L_e = L - L_{le} - L_{re} \tag{6-2}$$

式中　L_o——奇数皮排块长度；

L_e——偶数皮排块长度；

L——墙片轴线间距(图 6-6)；

L_{lo}——奇数皮左端节点固定块在 L 范围内占居长度；

L_{ro}——奇数皮右端节点固定块在 L 范围内占居长度；

L_{le}——偶数皮左端节点固定块在 L 范围内占居长度；

L_{re}——偶数皮右端节点固定块在 L 范围内占居长度。

参照图 6-4 各类型节点固定块尺寸，L_{lo}、L_{ro}、L_{le}、L_{re} 取值见表 6-4。

2）计算奇、偶数皮砌块用量

承重墙体排块主要用四种型号的砌块，即 K422、K322、K322A、K222 砌块，其中 K422 是主砌块，其他三种砌块是辅助

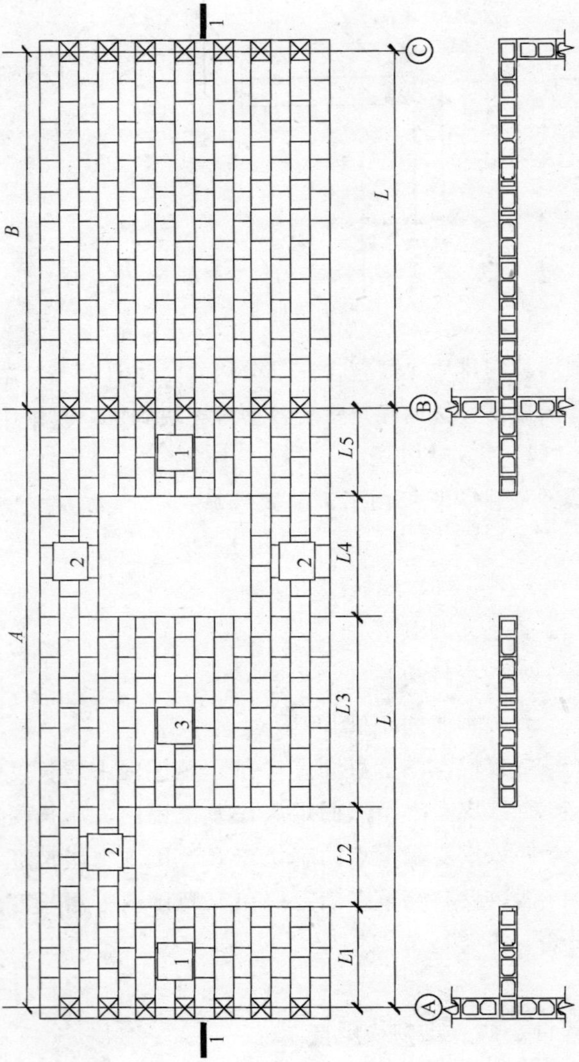

1—1

图 6-6 砌块墙体立面图

砌块，这四种砌块组合可以满足不同长度奇偶数皮的排块。

各种类型节点的 L_{lo}、L_{ro}、L_{le}、L_{re} 值 **表 6-4**

节点类型	自由端	L形节点		T形节点		十字形形节点		构造柱节点
		横墙	纵墙	腹板	翼缘	横墙	纵墙	
L_{lo}、L_{ro}	0	100	300	300	100	100	300	$a+200$
L_{le}、L_{re}	0	300	100	100	300	300	100	a

注：a 为构造柱长度参数，见表 6-2。

各皮排块长度除以主砌块标志长度 400mm 可用下式表达：

$$\frac{L_i}{400}=M_4\ \frac{R}{400} \tag{6-3}$$

式中 L_i——L_o 或 L_e；

M_4——L_i 范围内能排下的 K422 块数；

R——L_i 除以 400 的余数，可能值为 100、200、300。

表 6-5 给出了对应不同 R 值的各种砌块用量，其中对 $R=100$ 和 $R=200$ 给出了两种选择。

砌 块 用 量 表 **表 6-5**

	K422	K322	K222
$R=0$	M_4	0	0
$R=100$	M_4-1	1	1
	M_4-2	3	0
$R=200$	M_4	0	1
	M_4-1	2	0
$R=300$	M_4	1	0

3）排块

墙片排块应尽量采用 K422、K222 组合，以保证整个墙片对孔砌筑，任意芯孔可设为芯柱。当有 K322 出现时，应设法使其避开芯柱位置，保证芯孔贯通。

有斜墙时，应通过调整斜墙平面内构造柱长度参数 a，使斜墙排块长度满足模数要求。

下面介绍开洞墙片排块。

开洞墙片由洞口把整个墙片划分为若干竖向无洞口和竖向有洞口两种墙段单元，如图 6-6 的 A 片墙，两个洞口将墙片划分为 3 个竖向无洞口墙段单元（$L1$、$L3$、$L5$ 部分）和 2 个竖向有洞口墙段单元（$L2$、$L4$ 部分）。

开洞墙片排块，先排各个竖向无洞口墙段单元，再排各个竖向有洞口墙段单元。竖向无洞口墙段单元的排块方法与不开洞墙片排块完全相同。

竖向有洞口墙段单元的排块必须考虑两侧竖向无洞口墙段单元在洞口边交界处的排块情况。由于仅用 K422、K322、K222 三种砌块砌筑，已完成排块的竖向无洞口墙段单元的奇数皮和偶数皮砌块在洞口边交界处共有 $C_3^2=3$ 种组合：K422、K222 组合；K322、K222 组合；K422、K322 组合。三种组合情况如图 6-7 所示。

为了使竖向无洞口墙段单元和竖向有洞口墙段单元在交界处错缝搭砌，竖向有洞口墙段单元排块前应先对两侧已经完成排块的竖向无洞口墙段单元靠近洞口边的奇数皮或偶数皮砌块进行调整。

(A) 洞口边为 K422、K222 组合时，将原来放置的 K222 砌块替换成 K422 砌块，原先的 K422 砌块保持不动，这样洞口边变成 K422、K422 的组合，如图中箭头所指部分，它保证了交界处砌块对孔错缝搭砌、芯孔上下贯通。

(B) 洞口边为 K322、K222 组合时，应将原来放置的 K222 砌块替换成 K422 砌块，而原先的 K322 砌块保持不动，这样原来的开洞边变成 K422、K322 的组合，如图中箭头所指部分，它同样保证了交界处砌块对孔错缝搭砌、芯孔上下贯通。

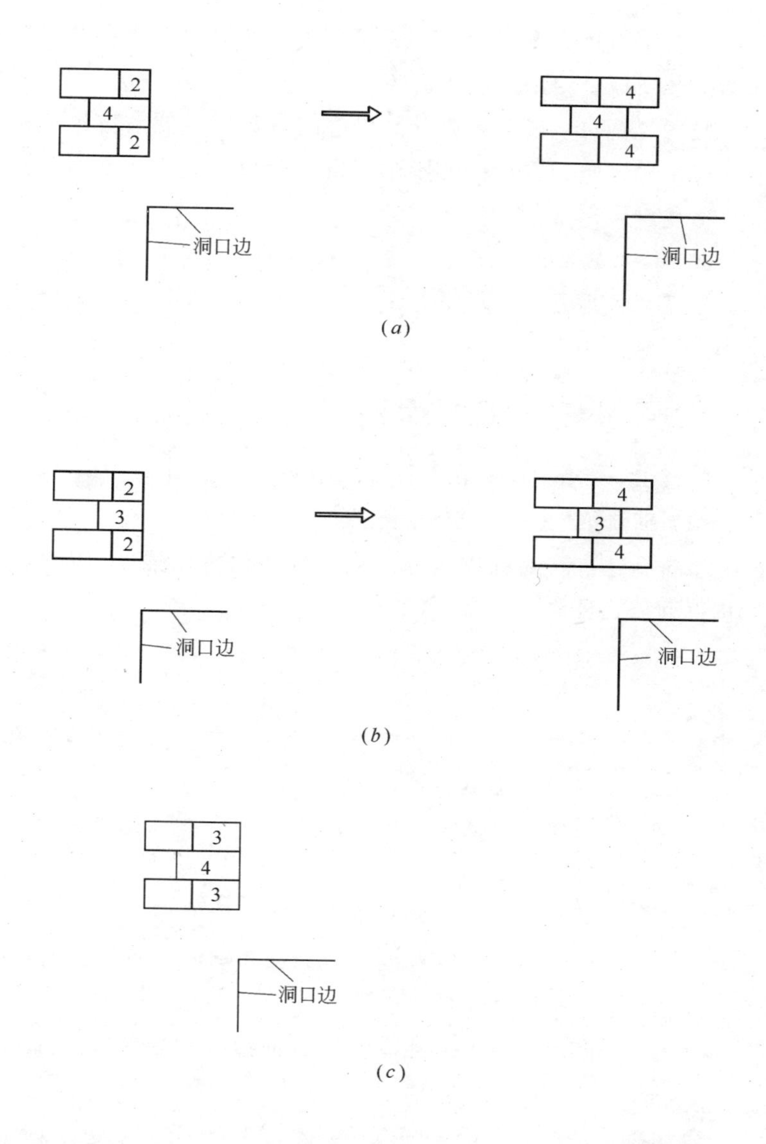

图 6-7 竖向无洞口墙段单元靠近洞口边的奇数皮或偶数皮砌块换块

(*a*)K422 与 K222 组合；(*b*)K322 与 K222 组合；(*c*)K422 与 K322 组合

(C) 洞口边为K422、K322组合时，换块后砌块在洞口边无法对孔，所以，该组合应予避免。

竖向无洞口墙段单元靠近洞口边的奇数皮或偶数皮砌块调整后，即可确定竖向有洞口墙段单元奇、偶数皮的排块长度，并计算出每皮砌块用量。

(3) 墙片砌块用量统计

每墙片各型号砌块用量等于节点固定块砌块用量加上墙片排块砌块用量。

6.1.2 小砌块房屋结构计算

6.1.2.1 小砌块灌孔砌体计算指标

(1) 砌体抗压强度设计值

单排孔小砌块对孔砌筑时，灌孔砌体的抗压强度设计值 f_g，应按下列公式计算：

$$f_g = f + 0.6\alpha f_c \tag{6-4}$$

$$\alpha = \delta\rho \tag{6-5}$$

式中 f_g——灌孔砌体的抗压强度设计值，并不应大于未灌孔砌体抗压强度设计值的2倍；

f——未灌孔砌体的抗压强度设计值，按《砌体规范》表3.2.1-3采用；

f_c——灌孔混凝土的轴心抗压强度设计值；

α——砌块砌体中灌孔混凝土面积和砌体毛面积的比值；

δ——小砌块孔洞率；

ρ——砌块砌体的灌孔率，系截面灌孔混凝土面积和截面孔洞面积的比值，ρ 不应小于33%。

砌块砌体的灌孔混凝土强度等级不应低于Cb20，也不宜低于两倍的块体强度等级。

(2) 砌体抗剪强度设计值

单排孔小砌块对孔砌筑时，灌孔砌体的抗剪强度设计值 f_{vg}，应按下列公式计算：

$$f_{vg}=0.2f_{g}^{0.55} \tag{6-6}$$

式中 f_{g}——灌孔砌体的抗压强度设计值(MPa)。

(3) 砌体弹性模量

单排孔小砌块对孔砌筑时，灌孔砌体的弹性模量 E，应按下列公式计算：

$$E=1700f_{g} \tag{6-7}$$

(4) 砌体沿阶梯形截面破坏的抗震抗剪强度设计值

小砌块砌体沿阶梯形截面破坏的抗震抗剪强度设计值，应按下列公式计算：

$$f_{vE}=\xi_{N}f_{v} \tag{6-8}$$

$$\xi_{N}=\begin{cases}1+0.25\sigma_{0}/f_{v} & (\sigma_{0}/f_{v}\leqslant 5)\\ 2.25+0.17(\sigma_{0}/f_{v}-5) & (\sigma_{0}/f_{v}>5)\end{cases} \tag{6-9}$$

式中 f_{vE}——砌体沿阶梯形截面破坏的抗震抗剪强度设计值；

f_{v}——非抗震设计砌体抗剪强度设计值；

ξ_{N}——砌体抗震抗剪强度的正应力影响系数；

σ_{0}——对应于重力荷载代表值的砌体截面平均压应力。

6.1.2.2 小砌块墙体的截面抗震受剪承载力验算

小砌块墙体的截面抗震受剪承载力，应按下式验算：

$$V\leqslant\frac{1}{\gamma_{RE}}[f_{vE}A+(0.3f_{t}A_{c}+0.05f_{y}A_{s})\zeta_{c}] \tag{6-10}$$

式中 V——墙体剪力设计值；

γ_{RE}——承载力抗震调整系数，一般取1.0，对两端均有构造柱、芯柱的墙体取0.9；

A——墙体横截面面积；

f_{t}——芯柱混凝土轴心抗拉强度设计值；

A_{c}——芯柱截面总面积；

f_y——芯柱竖向插筋抗拉强度设计值；

A_s——芯柱钢筋截面总面积；

ζ_c——芯柱参与工作系数，按表 6-6 取值。

芯柱参与工作系数 **表 6-6**

灌孔率 ρ	$\rho<0.15$	$0.15\leqslant\rho<0.25$	$0.25\leqslant\rho<0.5$	$\rho\geqslant0.5$
ζ_c	0.0	1.0	1.10	1.15

注：灌孔率指芯柱根数（含构造柱和填实孔洞数量）与孔洞总数之比。

当同时设置芯柱和构造柱时，构造柱截面可作为芯柱截面，构造柱钢筋可作为芯柱钢筋。

对 L 形、T 形、十字形构造柱，可仅考虑墙体计算单元所包含的矩形截面部分及该矩形截面上的钢筋。

芯柱在墙体内应均匀分布，间距不宜超过 2m。

6.1.2.3 小砌块墙体受压承载力验算

QIK 以门、窗间墙段为单元验算墙体轴心受压承载力。对于长度小于 200mm 的小墙垛，软件不作受压承载力验算。

墙段受压承载力按下列公式计算：

$$N\leqslant\begin{cases}\varphi f A & \text{(未灌孔砌体)}\\ \varphi f_g A & \text{(灌孔砌体)}\end{cases} \tag{6-11}$$

$$\beta=\begin{cases}1.1\dfrac{H_0}{h} & \text{(未灌孔砌体)}\\ 1.0\dfrac{H_0}{h} & \text{(灌孔砌体)}\end{cases} \tag{6-12}$$

$$\varphi=\begin{cases}1 & \beta\leqslant3\\ \dfrac{1}{1+\alpha\beta^2} & \beta>3\end{cases} \tag{6-13}$$

式中 N——轴力设计值；

β——构件的高厚比；

H_0——受压构件的计算高度；

h——矩形截面较小边长；

φ——高厚比 β 对轴心受压构件承载力的影响系数；

α——与砂浆强度等级有关的系数，当砂浆强度等级大于或等于 Mb5 时，α 等于 0.0015；当砂浆强度等级等于 Mb2.5 时，α 等于 0.002；当砂浆强度等级等于 0 时，α 等于 0.009；

f——根据《砌体规范》3.2.3 条规定，乘以调整系数后的未灌孔砌体抗压强度设计值；

f_g——乘以调整系数后的灌孔砌体抗压强度设计值；

A——截面面积。

6.2 问题解答

6.2.1 砌块专用砂浆与一般砌筑砂浆有何区别?

砌块专用砂浆是由水泥、石灰、砂、水以及根据需要掺入的掺和料和外加剂等组分，按一定比例，采用机械拌和制成。掺和料主要是粉煤灰，外加剂包括减水剂、早强剂、促凝剂、防冻剂及颜料等。与传统砌筑砂浆相比，专用砂浆和易性好，粘结强度高，可使砌体灰缝饱满，减少开裂和渗漏。

按《混凝土小型空心砌块砌筑砂浆》（JC 860—2000）的规定，混凝土小型空心砌块砌筑砂浆用 Mb 标记，强度等级可以为 Mb15、Mb10、Mb7.5、Mb5 等，某一强度等级砌块专用砂浆的抗压强度指标与同一级别一般砌筑砂浆的抗压强度指标相同，如 Mb15 的抗压强度指标与 M15 的抗压强度指标相同。

6.2.2 小砌块砌体灌孔混凝土与一般混凝土有何区别?

混凝土小型空心砌块灌孔混凝土是砌块建筑灌注芯柱、孔洞的专用混凝土，是由水泥、集料、水及根据需要掺入的掺和料和外加剂等组分，按一定比例，采用机械搅拌制成。外加剂包括减水剂、早强剂、促凝剂及膨胀剂等。灌孔混凝土是一种高流动性和低收缩的细石混凝土。按《混凝土小型空心砌块灌孔混凝土》(JC 861—2000) 的规定，混凝土小型空心砌块灌孔混凝土用 Cb 标记，强度等级分为 Cb40、Cb35、Cb30 、Cb25、Cb20 五个等级，其强度指标相应于 C40、C35、C30、C25、C20 混凝土的强度指标。

6.2.3 如何确定小砌块砌体灌孔混凝土的强度等级？

根据《砌体规范》要求，砌块砌体的灌孔混凝土强度等级不应低于 Cb20，也不宜低于两倍的块体强度等级。表 6-7 列出了各种强度等级砌块砌体应采用的灌孔混凝土强度等级。

各种强度等级砌块砌体应采用的灌孔混凝土强度等级　　表 6-7

砌块强度等级	MU5	MU7.5	MU10	MU15	MU20
灌孔混凝土强度等级	≥Cb20	≥Cb20	≥Cb20	≥Cb30	≥Cb40

6.2.4 使用 QIK 软件建模，应按砌块实际尺寸还是标志尺寸定义墙厚？

结构建模定义墙体时，需输入墙厚，如图 6-8 所示。

因为结构计算需要计算墙体横截面积，墙厚应输入砌块的实际厚度。

采用 190 系列(图 6-3*a*)砌块砌筑的墙体实际厚度为 190mm。

6.2.5 如何确定小砌块墙体重度？

根据国家建筑标准设计图集《混凝土小型空心砌块块体》(02J 102—1)，主砌块 K422 的外形尺寸为 390mm × 190mm ×

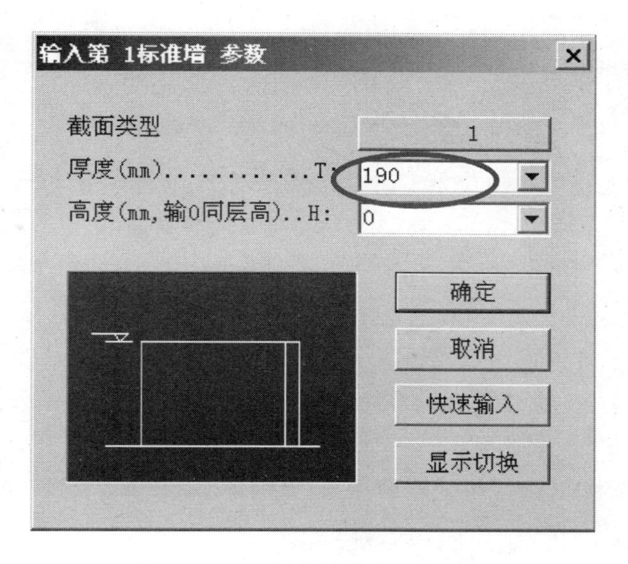

图 6-8 QIK 软件墙体定义对话框

190mm，空心率为 49.04%，每块重量 0.1722kN，使用这些数据可以计算出未灌孔和灌孔 K422 砌块的重度。

（1）未灌孔 K422 砌块（灌孔率 $\rho=0\%$）的重度

$$\gamma_0=\frac{重量}{体积}=\frac{0.1722}{0.39\times0.19\times0.19}=12.23\text{kN/m}^3$$

（2）灌孔 K422 砌块（灌孔率 $\rho=100\%$）的重度

两芯孔体积$=0.4904\times0.39\times0.19\times0.19=0.0069\text{m}^3$

取灌孔混凝土重度 23kN/m^3，两芯孔灌实混凝土后，K422 砌块的重量为：

$$0.1722+0.0069\times23=0.3309\text{kN}$$

灌孔 K422 砌块的重度为：

$$\gamma_{100}=\frac{重量}{体积}=\frac{0.3309}{0.39\times0.19\times0.19}=23.50\text{kN/m}^3$$

（3）计算墙体重度通用公式

考虑砌块双面抹灰，抹灰重量取 1kN/m²，则每一 K422 砌块附加重度为：

$$\gamma_a=\frac{1.00\times0.39\times0.19}{0.39\times0.19\times0.19}=5.26\text{kN/m}^3$$

由于墙体排块优先采用主砌块 K422，可以将 K422 砌块的重度作为小砌块墙体的重度。墙体重度可按下式计算：

$$\begin{aligned}\gamma&=(1-\rho)\gamma_0+\rho\gamma_{100}+\gamma_a\\&=12.23(1-\rho)+23.50\rho+5.26\\&=17.49+11.27\rho\end{aligned}\tag{6-14}$$

式中 γ——墙体重度；

ρ——灌孔率。

公式(6-14)仅适合双面抹灰的墙体重度计算，对于其他墙面做法，应对公式中的 γ_a 加以修正。

【例题 6-1】 某小砌块墙体截面尺寸如图 6-9 所示，墙高 3m，灌孔率 33%，双面抹灰，试确定该墙自重。

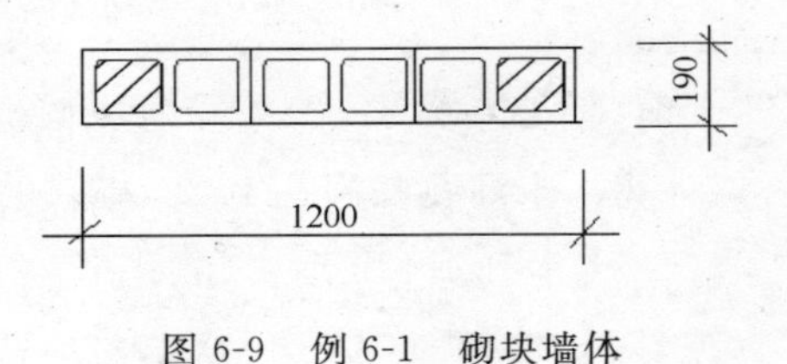

图 6-9 例 6-1 砌块墙体

【解】 墙体重度：

$$\begin{aligned}\gamma&=17.49+11.27\rho\\&=17.49+11.27\times0.33\\&=21.21\text{kN/m}^3\end{aligned}$$

墙体自重：$\gamma V=21.21\times1.2\times0.19\times3=14.51\text{kN}$

6.2.6 小砌块房屋何时应沿纵横墙设置通长的水平现浇钢筋混凝土带？

为增强结构抗震的整体性，设防烈度 6 度时七层、7 度时超过五层、8 度时超过四层的小砌块房屋，在底层和顶层的窗台标高处，应按表 6-8 要求沿纵横墙设置通长的水平现浇钢筋混凝土带。

现浇钢筋混凝土带构造要求　　表 6-8

内　容	要　求	内　容	要　求
混凝土强度等级	不低于 C20	纵向钢筋	≥2ϕ10
截面高度	不小于 60mm	拉结钢筋	设　置

6.2.7　灌孔砌体的抗压强度设计值 f_g 和抗剪强度设计值 f_{vg} 需要调整吗?

根据《砌体规范》3.2.3 条规定，单排孔小砌块灌孔砌体的抗压强度设计值 f_g 和抗剪强度设计值 f_{vg} 需要调整。对于表 6-9 中各种情况的灌孔砌体，砌体的抗压强度设计值 f_g 和抗剪强度设计值 f_{vg} 应分别乘以调整系数 γ_a。

单排孔小砌块灌孔砌体强度设计值调整系数　　表 6-9

使用情况		γ_a
有吊车房屋砌体和跨度不小于 7.5m 的梁下砌体		0.90
构件横截面面积 $A<0.3m^2$		$0.70+A$
施工质量控制等级	A 级	1.05
	C 级	0.89
验算施工中房屋的构件时		1.10

由于小砌块应采用专用砂浆砌筑，QIK 软件未考虑使用水泥砂浆对砌体强度的调整。

【例题 6-2】　某墙体截面如图 6-9 所示，采用小砌块对孔砌筑，砌块强度等级 MU10，砂浆强度等级 Mb5，共有 6 个孔，两侧边各灌实一个孔，灌孔混凝土强度等级 Cb20，施工质量控制等级 C 级，试确定砌体的抗压、抗剪强度设计值。

【解】 ∵ 灌孔率 $\rho=2/6=0.33=33\%$

∴ 考虑灌孔芯柱对抗压强度的贡献。

查表 $f=2.22\text{MPa}$，$f_c=9.6\text{MPa}$，$\delta=49.04\%$

∴ $\alpha=\delta\rho=0.4904\times0.33=0.1618$

调整前砌体抗压、抗剪强度设计值为：

$$f_g=f+0.6\alpha f_c=2.22+0.6\times0.1618\times9.6$$
$$=3.15<2f=4.44$$
$$f_{vg}=0.2f_g^{0.55}=0.2\times3.15^{0.55}=0.38\text{MPa}$$

因为墙体横截面积 $A=1.2\times0.19=0.228<0.3\text{m}^2$，强度设计值应乘以调整系数 $0.7+0.228=0.928$；因为施工质量控制等级为 C 级，强度设计值应乘以调整系数 0.89；所以，调整后砌体抗压、抗剪强度设计值为：

抗压强度设计值 $=0.928\times0.89f_g=0.928\times0.89\times3.15$
$=2.60\text{MPa}$

抗剪强度设计值 $=0.928\times0.89f_{vg}=0.928\times0.89\times0.38$
$=0.31\text{MPa}$

6.2.8 为什么会出现砌体灌孔后灌孔砌体抗压强度设计值与未灌孔砌体抗压强度设计值相同的情况？

在灌孔砌体抗压强度设计值计算公式中，要求灌孔率 ρ 大于等于 33%，如果灌孔率小于这一数值，则不考虑灌孔芯柱对砌体抗压强度的贡献。所以，当灌孔率小于 33%时，灌孔砌体的抗压强度设计值与未灌孔砌体的抗压强度设计值相同。

【例题 6-3】 某窗间墙截面如图 6-10 所示，采用小砌块对孔砌筑，砌块强度等级 MU5，砂浆强度等级 Mb5，共有 8 个孔，两侧洞口边各灌实一个孔，灌孔混凝土强度等级 Cb20，试计算砌体的抗压强度设计值。

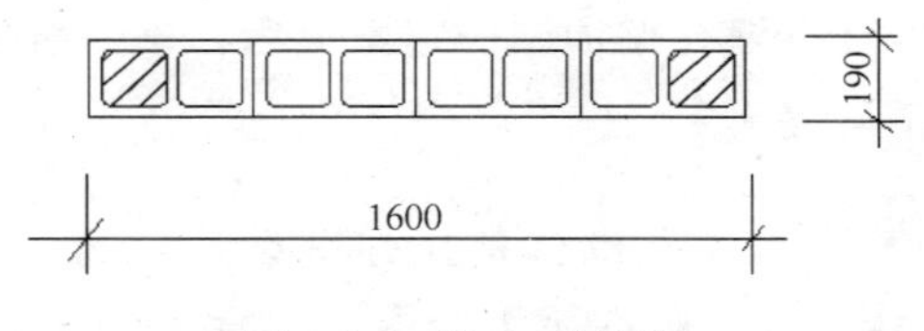

图 6-10　例 6-3 窗间墙

【解】　∵ 灌孔率 $\rho=2/8=0.25<0.33$

∴ 取 $\rho=0$

查表 $f=1.19\text{MPa}$

$$f_g=f+0.6\alpha f_c=f=1.19\text{MPa}$$

墙体灌两个孔的抗压强度设计值与未灌孔墙体相同。

【例题 6-4】　同例题 6-3，除两侧洞口边各灌实一个孔外，墙段中部再灌实一个孔（图 6-11），试计算砌体的抗压强度设计值。

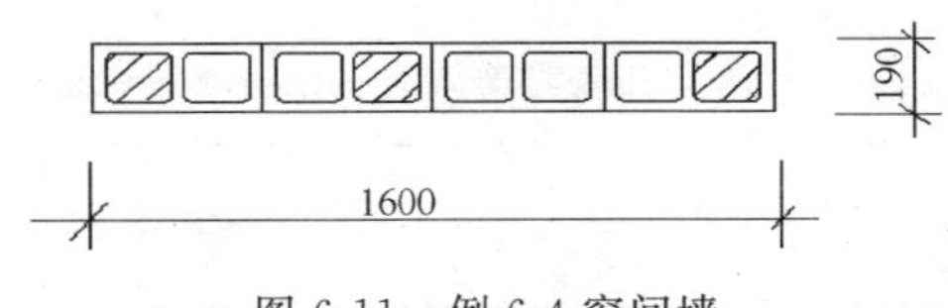

图 6-11　例 6-4 窗间墙

【解】　∵ 灌孔率 $\rho=3/8=0.375>0.33$

∴ 考虑灌孔芯柱对抗压强度的贡献。

查表 $f=1.19\text{MPa}$，$f_c=9.6\text{MPa}$，$\delta=49.04\%$

$$\alpha=\delta\rho=0.4904\times0.375=0.1839$$

$$f_g=f+0.6\alpha f_c=1.19+0.6\times0.1839\times9.6$$

$$=2.25<2f=2.38$$

墙体灌 3 个孔的抗压强度设计值比未灌孔墙体的抗压强度设计值提高了 $\frac{2.25-1.19}{1.19}=89\%$。

6.2.9 为什么灌孔增加到一定数量后，砌体抗压强度设计值不再提高？

《砌体规范》对灌孔砌体抗压强度设计值的上限作了规定，即灌孔砌体的抗压强度设计值不应大于未灌孔砌体抗压强度设计值的 2 倍。所以当灌孔率提高到一定程度，灌孔芯柱对砌体抗压强度设计值的贡献超过未灌孔砌体抗压强度设计值时，即当 $0.6\alpha f_c > f$ 时，灌孔砌体的抗压强度设计值不再提高。

【例题 6-5】 同例题 6-3，除两侧洞口边各灌实一个孔外，试计算墙段中部再灌实 1～6 个孔时砌体的抗压强度设计值。

【解】 查表 $f=1.19\text{MPa}$，$f_c=9.6\text{MPa}$，$\delta=49.04\%$

$$2f=2.38$$

计算结果见表 6-10，砌体抗压强度设计值与灌孔数关系曲线见图 6-12。

例 6-5 不同灌孔率时砌体的抗压强度设计值　　表 6-10

灌孔数	灌孔率 ρ	$\rho<33\%$	$\alpha=\delta\rho$	$0.6\alpha f_c>f$	f_g 取值		
					f	$f+0.6\alpha f_c$	$2f$
2	2/8=25%	是	0	否	1.19		
3	3/8=37.5%	否	0.1839	否		2.25	
4	4/8=55%	否	0.2697	是			2.38
5	5/8=62.5%	否	0.3065	是			2.38
6	6/8=75%	否	0.3678	是			2.38
7	7/8=87.5%	否	0.4291	是			2.38
8	8/8=100%	否	0.4904	是			2.38

从表 6-10 和图 6-12 可以发现，当灌 4 个孔时，砌体抗压强度设计值开始受到上限值 $2f$ 的限制，以后再增加灌孔数，砌体抗压强度设计值不再提高。

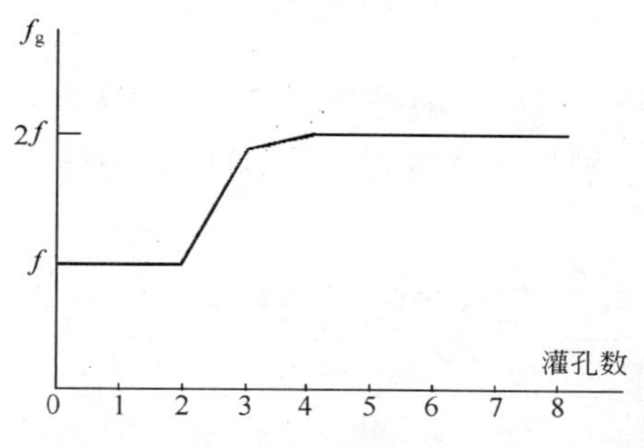

图 6-12　例 6-5 砌块砌体抗压强度设计值
与灌孔数关系曲线

6.2.10　如何确定小砌块墙体的最优灌孔率？

小砌块墙体的最优灌孔率是指用最少的灌孔数使灌孔砌体的抗压强度设计值达到最大($2f$)，从而抗剪强度设计值也达到最大。

最优灌孔率应在满足砌体构造要求的前提下采用。

由于当 $0.6\alpha f_c > f$ 时，灌孔砌体的抗压强度设计值不再提高，所以最优灌孔率为：

$$\rho^{\circ} = \frac{f}{0.6\delta f_c} \tag{6-15}$$

式中　ρ°——砌块砌体的最优灌孔率，系截面灌孔混凝土面积和截面孔洞面积的比值，ρ° 不应小于 33%。

f——未灌孔砌体的抗压强度设计值，按《砌体规范》表 3.2.1-3 采用；

f_c——灌孔混凝土的轴心抗压强度设计值；

δ——小砌块孔洞率。

由于小砌块排块以主砌块 K422 为主，K422 的孔洞率为 49.04%，将 δ=49.04%代入(6-15)式，则：

$$\rho^{\circ}=3.4\frac{f}{f_c} \tag{6-16}$$

表6-11、表6-12分别给出了按(6-16)式计算出的MU5、MU7.5、MU10砌块砌体和MU15、MU20砌块砌体的最优灌孔率。

MU5、MU7.5、MU10砌块砌体最优灌孔率(%)　　表6-11

f_c \ f		MU5	MU7.5		MU10		
		Mb5	Mb5	Mb7.5	Mb5	Mb7.5	Mb10
		1.19	1.71	1.93	2.22	2.50	2.79
Cb20	9.6	42.12	60.56	68.35	78.63	88.54	98.81
Cb25	11.9	34.00	48.90	55.10	63.40	71.40	79.70
Cb30	14.3	28.29	40.70	45.90	52.80	59.40	66.30
Cb35	16.7	24.22	34.80	39.30	45.20	50.90	56.80
Cb40	19.1	21.18	30.40	34.40	39.50	44.50	49.70

MU15、MU20砌块砌体最优灌孔率(%)　　表6-12

f_c \ f		MU15				MU20			
		Mb5	Mb7.5	Mb10	Mb15	Mb5	Mb7.5	Mb10	Mb15
		3.20	3.61	4.02	4.61	3.94	4.44	4.95	5.68
Cb30	14.3	76.10	85.80	95.60	N	此区域灌孔混凝土强度等级低于两倍的块体强度等级			
Cb35	16.7	65.10	73.50	81.80	93.90				
Cb40	19.1	57.00	64.30	71.60	82.10	70.10	79.00	88.10	100

注：N为无最优灌孔率，即当灌孔率为100%，砌体抗压强度设计值仍未达到$2f$。

6.2.11　小砌块墙体抗震受剪承载力验算，有构造柱时如何计算灌孔率？

在小砌块墙体截面抗震受剪承载力验算公式中，砌体沿阶梯形截面破坏的抗震抗剪强度设计值f_{vE}和芯柱参与工作系数ζ_c都与灌孔率有关。

有构造柱时，墙体灌孔率按以下步骤计算：

（1）计算墙体内 i 号构造柱占据孔洞数

$$n_i=\begin{cases}1 & (L_i<200\text{mm})\\ INT(L_i/200) & (L_i\geqslant 200\text{mm})\end{cases} \tag{6-17}$$

式中 n_i——i 号构造柱占据孔洞数；

L_i——i 号构造柱在墙体平面内的长度，以 mm 计。

（2）计算墙体灌孔率

$$\rho=\frac{n_\mathrm{f}+\sum n_i}{n_\mathrm{h}+\sum n_i} \tag{6-18}$$

式中 ρ——灌孔率；

n_h——墙体内砌块孔洞总数；

n_f——墙体内砌块灌实孔洞总数；

$\sum n_i$——墙体内各构造柱占据孔洞数之和。

【例题 6-6】 某 T 形墙截面如图 6-13 所示，采用小砌块对孔砌筑，墙体交接处有一构造柱，①轴墙体平面内构造柱长 400mm，砌块有 8 个孔，两侧边各灌实一个孔，试计算①轴墙体的灌孔率。

【解】 $L_1=400, n_\mathrm{h}=8, n_\mathrm{f}=2$

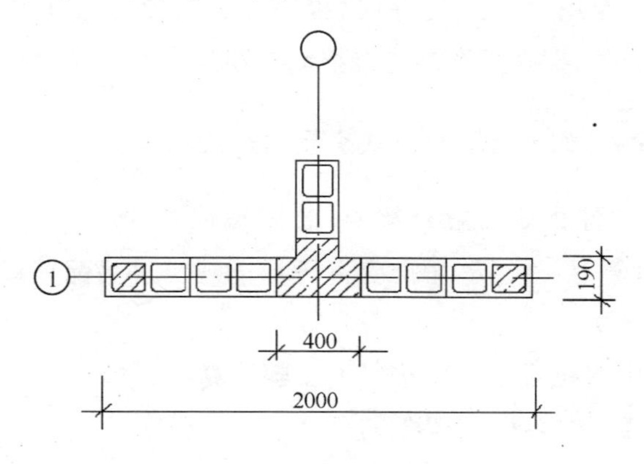

图 6-13 例 6-6T 形墙

$$n_1 = 400/200 = 2$$

$$\rho = \frac{n_f + n_1}{n_h + n_1} = \frac{2+2}{8+2} = \frac{4}{10} = 0.4 = 40\%$$

6.2.12　如何提高小砌块墙体的截面抗震受剪承载力?

通过对式(6-8)、式(6-10)分析后，可以发现，提高小砌块墙体截面抗震受剪承载力的措施可以为：提高小砌块强度等级(提高 f_{vE})、提高专用砂浆强度等级(提高 f_{vE})、在墙体两端设置芯柱或构造柱(γ_{RE}取 0.9)、提高灌孔率(提高 ζ_c、增加 A_c)、提高芯柱灌孔混凝土强度等级(提高 f_t)、增大芯柱插筋截面面积(增大 A_s)等。

在提高芯柱灌孔混凝土强度等级时，应注意灌孔混凝土强度与砌块强度的匹配，否则如果砌块强度低而芯柱强度过高，对砌块砌体整体受力将产生不利影响[8]。

6.2.13　提高小砌块墙体受压承载力的措施有哪些?

通过分析式(6-11),可以发现,提高小砌块墙体抗压强度设计值 f_g 是提高墙体受压承载力的惟一措施。通过提高小砌块强度等级、提高专用砂浆强度等级、提高灌孔混凝土强度等级以及当 $0.6\alpha f_c < f$ 时,提高灌孔率可以提高砌块墙体的抗压强度设计值。

6.2.14　如何计算小砌块房屋的过梁配筋?

QIK 软件排块布置过梁时,过梁截面按 190mm×190mm 考虑,没有计算过梁配筋,用户应自行计算现浇过梁配筋或验算预制过梁的承载力。

钢筋混凝土过梁配筋按以下步骤计算:

(1) 确定过梁计算跨度

过梁计算跨度 l_0，参照简支墙梁规定，按下式计算[8]:

$$l_0 = \min\begin{Bmatrix} 1.1l_n \\ l_c \end{Bmatrix} \quad (6\text{-}19)$$

式中　l_n——过梁净跨；

l_c——过梁支座中心线距离。

(2) 确定过梁上的荷载

(A) 梁、板荷载

当梁、板下的墙体高度 $h_w < l_n$ 时，应计入梁、板传来的荷载。当梁、板下的墙体高度 $h_w \geqslant l_n$ 时，可不考虑梁、板传来的荷载(图 6-14)。

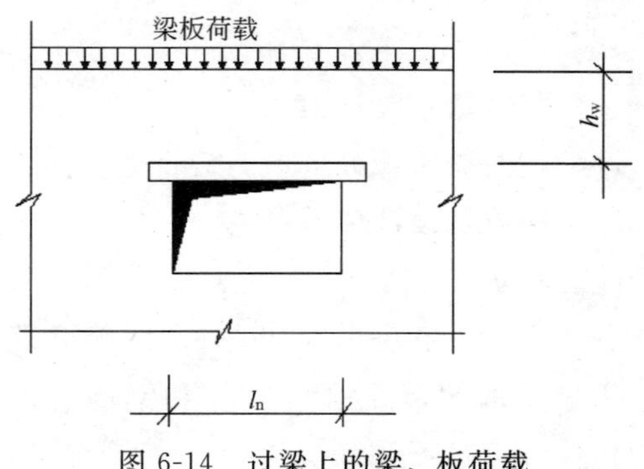

图 6-14　过梁上的梁、板荷载

(B) 墙体自重

当过梁上的墙体高度 $h_w < l_n/2$ 时，应按墙体的均布自重采用。当墙体高度 $h_w \geqslant l_n/2$ 时，应按高度为 $l_n/2$ 墙体的均布自重采用。过梁上墙体高度 h_w 的取值与梁、板位置无关(图6-15)。

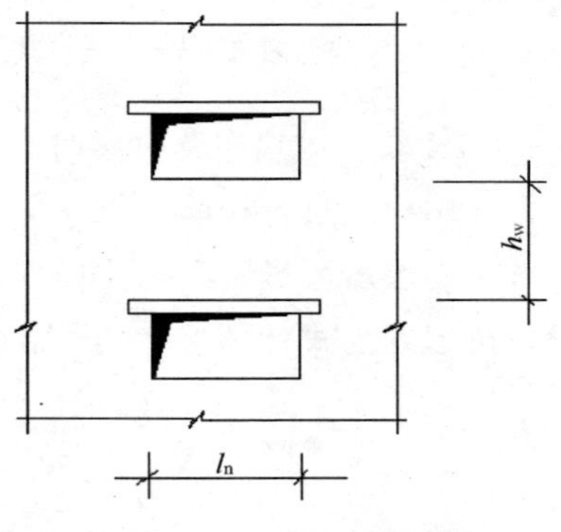

图 6-15　过梁上的墙体荷载

(3) 计算过梁线荷载设计值

过梁线荷载设计值 q 选取

以下两种组合的较大者：

$$1.2(q_{1d}+q_2+q_3)+1.4q_{1l} \tag{6-20}$$

$$1.35(q_{1d}+q_2+q_3)+0.98q_{1l} \tag{6-21}$$

式中　q_{1d}——传给过梁的梁、板线恒荷载标准值；

q_{1l}——传给过梁的梁、板线活荷载标准值；

q_2——传给过梁的过梁上部墙体自重线荷载标准值；

q_3——过梁自重线荷载标准值。

(4) 计算过梁跨中弯矩设计值、支座剪力设计值

$$M=\frac{ql_0^2}{8} \tag{6-22}$$

$$V=\frac{ql_n}{2} \tag{6-23}$$

式中　M——过梁跨中弯矩设计值；

V——过梁在洞口边缘处的剪力设计值；

q——过梁线荷载设计值。

(5) 计算过梁配筋

已知过梁截面尺寸(190mm×190mm)、弯矩设计值 M 和剪力设计值 V，用户选取混凝土强度等级和钢筋类别后，可用 GJ 软件[3]按受弯构件计算过梁配筋。

6.2.15　小砌块排块布置过梁时验算过梁下砌体局部受压承载力了吗？

QIK 软件排块布置过梁时，没有验算过梁下砌体局部受压承载力，用户应自行校验。

小砌块房屋过梁下砌体局部受压承载力可不考虑上部荷载影响，按下列公式计算：

$$N_l \leqslant \eta\gamma f A_l \tag{6-24}$$

$$N_l=\frac{ql_0}{2} \tag{6-25}$$

$$A_l=ab \tag{6-26}$$

式中　N_l——过梁梁端支承压力设计值；

q——作用在过梁上的线荷载设计值；

l_0——过梁计算跨度；

A_l——局部受压面积；

a——过梁实际支承长度；

b——过梁截面宽度；

η——梁端底面压应力图形的完整系数，取1.0；

γ——砌体局部抗压强度提高系数，取1.25；

f——砌体的抗压强度设计值。

6.2.16　小砌块建筑采用芯柱-构造柱体系时，哪些部位布置构造柱比较合理？

小砌块房屋可以采用以下两种结构体系的一种：

（1）芯柱体系：按表6-1要求设置芯柱；

（2）芯柱-构造柱体系：在某些部位用构造柱替代芯柱，房屋中同时设置芯柱和构造柱。

当采用芯柱-构造柱体系时，芯柱、构造柱设置可有以下两个方案：

（1）在外墙转角、内外墙交接处、楼电梯间四角设置构造柱；在内墙交接处、墙段中部、洞口两侧设置芯柱，如图6-16所示；

（2）在全部墙体交接处设置构造柱，在墙段中部、洞口两侧设置芯柱，如图6-17所示。

6.2.17　小砌块可否用于底层框架-抗震墙房屋？

《砌体规范》将底层框架-抗震墙房屋称为框支墙梁房屋。

《砌体规范》在7.3.2条条文说明中指出，国内外均进行过混凝土砌块砌体墙梁试验，表明其受力性能与砖砌体墙梁相似，所以混凝土砌块砌体墙梁可参照砖砌体墙梁的有关规定设计。

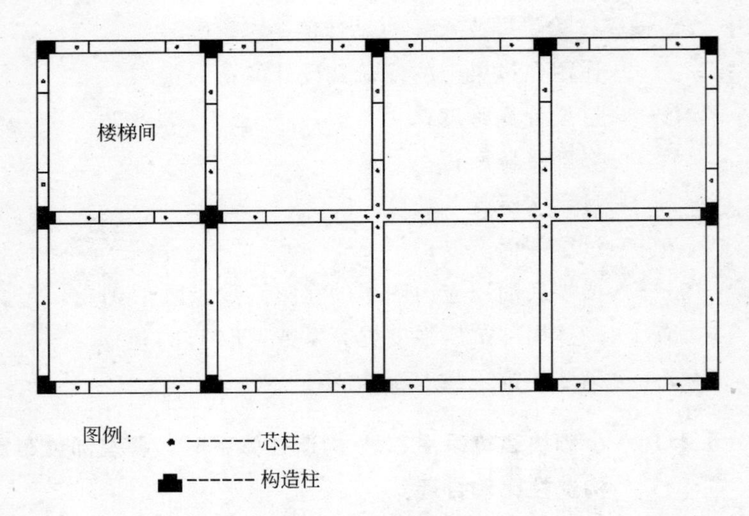

图 6-16 芯柱-构造柱体系方案一

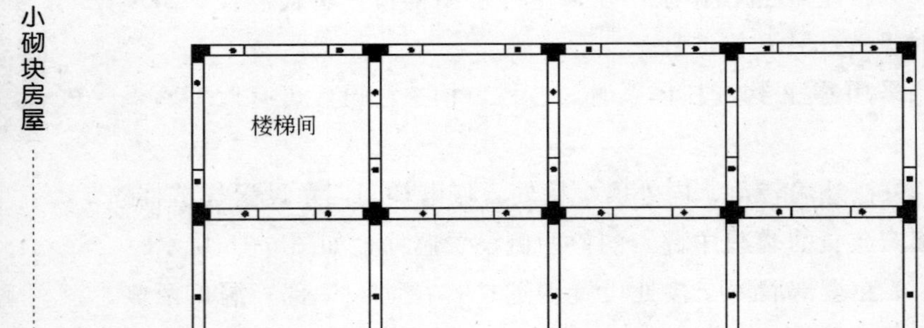

图例：
------芯柱
------构造柱

图 6-17 芯柱-构造柱体系方案二

第7章　圈梁设置与圈梁、构造柱、芯柱构造详图

7.1　基本原理

执行PMCAD主菜单⑥砖混节点大样，可以绘制多层砖砌体房屋和底部框架-抗震墙上部砖砌体房屋的圈梁布置简图、圈梁构造详图和构造柱构造详图。

执行QIK主菜单⑥画砌体结构大样图，可以绘制多层砌块房屋的圈梁布置简图、圈梁构造详图、芯柱构造详图和构造柱构造详图。

圈梁布置由用户交互输入完成，详图绘制采用参数化制图方法，由用户输入有关参数后，软件依据国家建筑标准设计图集《建筑物抗震构造详图》97G329（二）～（四），自动绘出圈梁、芯柱和构造柱的构造详图。

圈梁布置与圈梁、芯柱和构造柱的构造均应符合《抗震规范》的有关规定。

7.1.1　多层砖砌体房屋圈梁设置及圈梁、构造柱构造要求

7.1.1.1　圈梁设置

装配式钢筋混凝土楼、屋盖或木楼、屋盖的普通砖、多孔砖房屋，横墙承重时应按表7-1的要求设置圈梁；纵墙承重时每层均应设置圈梁，且抗震横墙上的圈梁间距应比表7-1的要求适当加密。

砖房现浇钢筋混凝土圈梁设置要求 **表 7-1**

墙类	地震烈度		
	6、7	8	9
外墙和内纵墙	屋盖处及每层楼盖处	屋盖处及每层楼盖处	屋盖处及每层楼盖处
内横墙	同上；屋盖处间距不应大于 7m；楼盖处间距不应大于 15m；构造柱对应部位	同上；屋盖处沿所有横墙，且间距不应大于 7m；楼盖处间距不应大于 7m；构造柱对应部位	同上；各层所有横墙

现浇或装配整体式钢筋混凝土楼、屋盖与墙体有可靠连接的房屋，应允许不另设圈梁，但楼板沿墙体周边应加强配筋并应与相应的构造柱钢筋可靠连接。

7.1.1.2 圈梁构造

多层普通砖、多孔砖房屋的现浇钢筋混凝土圈梁构造应符合下列要求：

(1) 圈梁应闭合，遇有洞口圈梁应上下搭接。圈梁宜与预制板设在同一标高处或紧靠板底；

(2) 圈梁在表 7-1 要求的间距内无横墙时，应利用梁或板缝中配筋替代圈梁；

(3) 圈梁的截面高度不应小于 120mm，配筋应符合表 7-2 的要求。因地基为软弱黏性土、液化土、新近填土或严重不均匀土而增设的基础圈梁，截面高度不应小于 180mm，配筋不应小于 4ϕ12。

砖房圈梁配筋要求 **表 7-2**

配筋	烈度		
	6、7	8	9
最小纵筋	4ϕ10	4ϕ12	4ϕ14
最大箍筋间距（mm）	250	200	150

7.1.1.3　构造柱构造

(1) 构造柱最小截面可采用240mm×180mm，纵向钢筋和箍筋间距应符合表7-3的要求，箍筋在柱上下端宜适当加密；外墙转角的构造柱可适当加大截面及配筋。

构造柱纵筋与箍筋设置要求　　　　表7-3

房屋层数				构造柱纵筋	构造柱箍筋	
6度	7度	8度	9度		间距	直径(mm)
1～8	1～6	1～5		4ϕ12	≤250mm	ϕ6～ϕ8
	7	6	1～4	4ϕ14	≤200mm	

(2) 构造柱与墙连接处应砌成马牙槎，并应沿墙高每隔500mm设2ϕ6拉结钢筋，每边伸入墙内不宜小于1m。

(3) 构造柱与圈梁连接处，构造柱的纵筋应穿过圈梁，保证构造柱纵筋上下贯通。

(4) 构造柱可不单独设置基础，但应伸入室外地面下500mm，或与埋深小于500mm的基础圈梁相连。

7.1.2　多层砌块房屋圈梁设置及圈梁、芯柱、构造柱构造要求

7.1.2.1　圈梁设置

小砌块房屋的现浇钢筋混凝土圈梁应按表7-4的要求设置。

小砌块房屋现浇钢筋混凝土圈梁设置要求　　　　表7-4

墙类	烈度	
	6、7	8
外墙和内纵墙	屋盖处及每层楼盖处	屋盖处及每层楼盖处
内横墙	同上；屋盖处沿所有横墙； 楼盖处间距不应大于7m； 构造柱对应部位	同上； 各层所有横墙

7.1.2.2　圈梁构造

圈梁宽度不应小于 190mm，配筋不应小于 4ϕ12，箍筋间距不应大于 200mm。

7.1.2.3　芯柱构造

(1) 芯柱截面不宜小于 120mm×120mm。

(2) 芯柱混凝土强度等级，不应低于 Cb20。

(3) 芯柱的竖向插筋应贯通墙身且与圈梁连接，插筋直径应满足表 7-5 的要求。

芯柱插筋设置要求　　**表 7-5**

房屋层数			插筋
6 度	7 度	8 度	
1～7	1～5	1～4	≥1ϕ12
	6～7	5～6	≥1ϕ14

(4) 芯柱应伸入室外地面下 500mm 或与埋深小于 500mm 的基础圈梁相连。

(5) 为提高墙体抗震受剪承载力而设置的芯柱，宜在墙体内均匀布置，最大净距不宜大于 2.0m，即每隔 5 个孔应设一个芯柱。

(6) 芯柱与墙体连接处应设置拉结钢筋网片，网片可采用直径 4mm 的钢筋点焊而成，沿墙高每隔 600mm 设置，每边伸入墙内不宜小于 1m。

7.1.2.4　构造柱构造

(1) 构造柱最小截面可采用 190mm×190mm，纵向钢筋和箍筋间距应符合表 7-6 的要求，箍筋在柱上下端宜适当加密；外墙转角的构造柱可适当加大截面及配筋。

(2) 构造柱与砌块墙连接处应砌成马牙槎，与构造柱相邻的砌块孔洞，设防烈度为 6 度时宜填实，7 度时应填实，8 度时应填实并插筋；沿墙高每隔 600mm 应设拉结钢筋网片，每边伸入墙内不宜小于 1m。

构造柱纵筋与箍筋设置要求 表 7-6

房屋层数			构造柱纵筋	构造柱箍筋	
6度	7度	8度		间距	直径(mm)
1～7	1～5	1～4	4ϕ12	≤250mm	ϕ6～ϕ8
	6～7	5～6	4ϕ14	≤200mm	

(3) 构造柱与圈梁连接处，构造柱的纵筋应穿过圈梁，保证构造柱纵筋上下贯通。

(4) 构造柱可不单独设置基础，但应伸入室外地面下500mm，或与埋深小于500mm的基础圈梁相连。

7.1.3 底部框架-抗震墙上部砖砌体房屋圈梁设置及圈梁、构造柱构造要求

7.1.3.1 圈梁设置

同多层黏土砖房屋。

7.1.3.2 圈梁构造

同多层黏土砖房屋。

7.1.3.3 构造柱构造

(1) 构造柱的截面，不宜小于240mm× 240mm。

(2) 构造柱的纵筋与箍筋设置应满足表7-7的要求。一般情况下，纵向钢筋应锚入下部的框架柱内；当纵向钢筋锚固在框架梁内时，框架梁的相应位置应加强。

构造柱纵筋与箍筋设置要求 表 7-7

构造柱配筋	纵筋			箍筋	
	6度	7度	8度	间距	直径(mm)
过渡层	≥4ϕ14	≥4ϕ16	≥6ϕ16	≤200mm	ϕ6～ϕ8
一般层	≥4ϕ14				

(3) 构造柱应与每层圈梁连接，或与现浇楼板可靠拉结。

(4) 多层砖砌体房屋构造柱构造的(2)～(4)项要求。

7.2 问题解答

7.2.1 PMCAD和QIK软件的主菜单②与主菜单⑥都有圈梁布置功能，在哪里布置圈梁比较好？

由于次梁、现浇板、预制板、悬挑板等构件均在主菜单②中布置，为了协调圈梁与其他构件的位置关系，圈梁应在主菜单②中布置为好。

执行主菜单⑥绘制大样详图时，圈梁位置如需变动，不必回到主菜单②中修改，可在主菜单⑥中即时调整。主菜单②与主菜单⑥共享圈梁数据。

7.2.2 小砌块房屋中与构造柱相邻的砌块孔洞需要填实吗？

为了加强构造柱与墙体的连接，提高小砌块砌体的变形能力及房屋的整体性，《抗震规范》规定构造柱与砌块墙体连接处应砌成马牙槎，与构造柱相邻的砌块孔洞，设防烈度为6度时宜填实，7度时应填实，8度时应填实并插筋。

当砌体砌成马牙槎时，与构造柱相邻的砌块孔洞实际就是马牙槎部分的砌块孔洞。图7-1以外墙转角处设置L形构造柱为例，给出了与构造柱相邻砌块孔洞的芯柱构造。

7.2.3 小砌块房屋抗震与非抗震设计的拉结钢筋网片有何区别？

依据国家建筑标准设计图集，QIK软件绘制的非抗震拉结钢筋网片如图7-2(*a*)～图7-2(*c*)所示，抗震拉结钢筋网片如图7-2(*d*)～图7-2(*f*)所示。拉结钢筋网片采用$\phi 4$钢筋点焊。

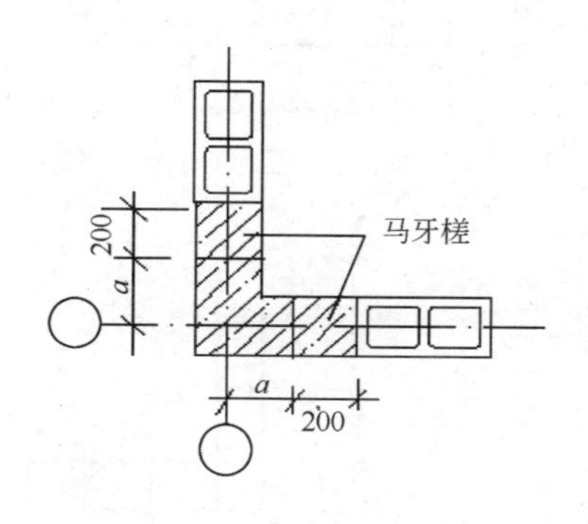

构造柱节点奇数皮

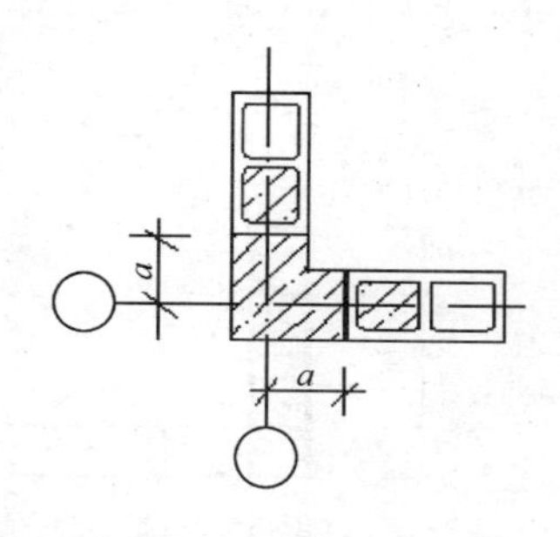

构造柱节点偶数皮

(*a*)

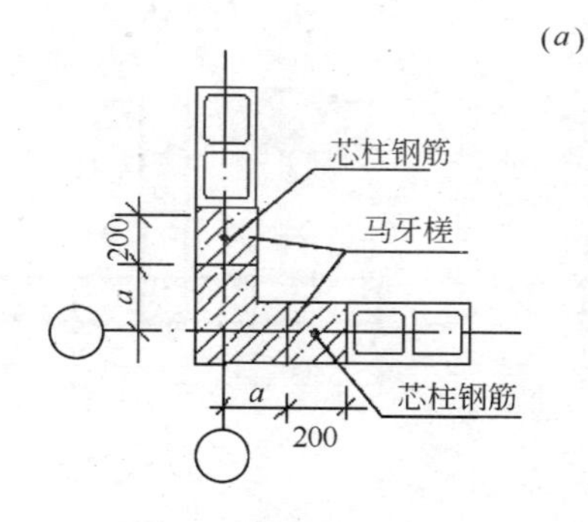

构造柱节点奇数皮

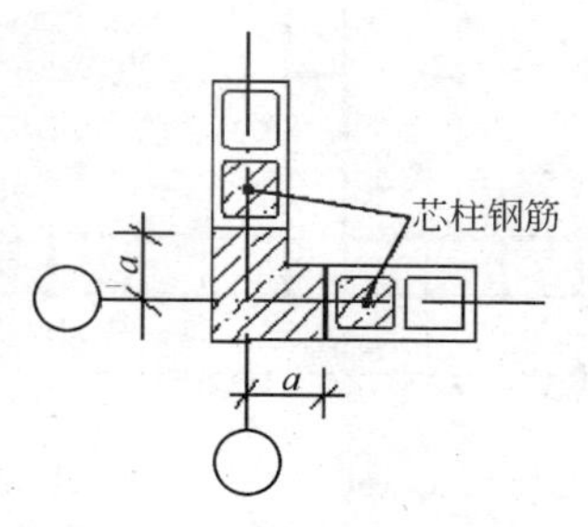

构造柱节点偶数皮

(*b*)

图 7-1　与构造柱相邻砌块孔洞的芯柱构造

(*a*) 设防烈度为 6、7 度时填实构造柱相邻孔洞；

(*b*) 设防烈度为 8 度时填实构造柱相邻孔洞并插筋

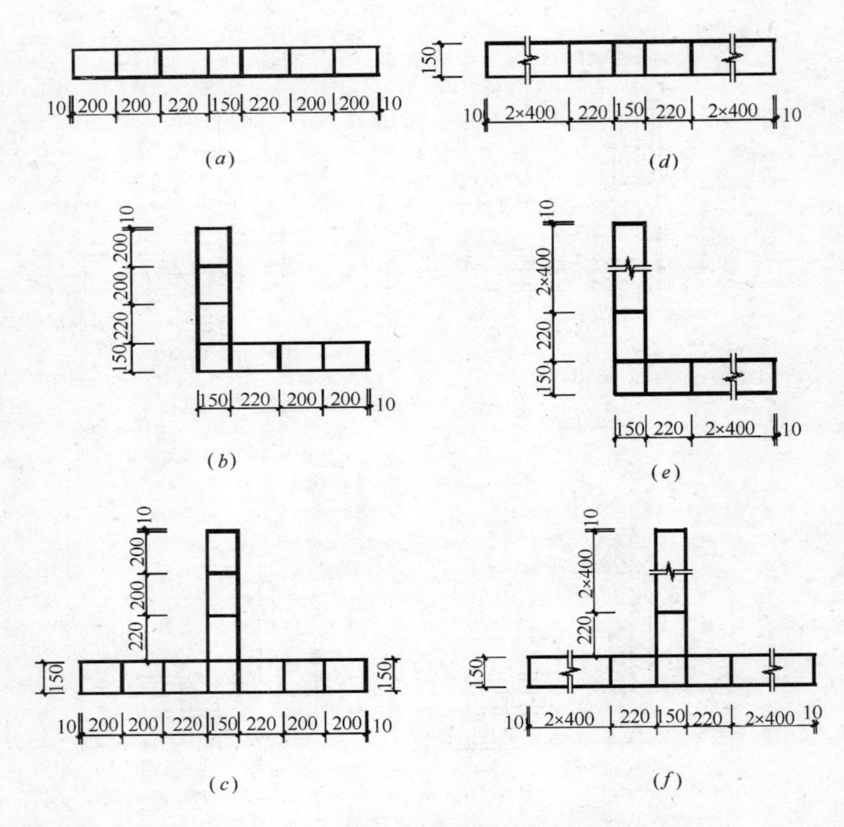

图 7-2　拉结钢筋网片构造详图

(a)一字形拉结钢筋网片(非抗震设计)；(b)L 形拉结钢筋网片(非抗震设计)；(c)T 形拉结钢筋网片(非抗震设计)；(d)一字形拉结钢筋网片(抗震设计)；(e)L 形拉结钢筋网片(抗震设计)；(f)T 形拉结钢筋网片(抗震设计)

第8章　结构建模、复杂体型砌体房屋力学模型

8.1　基本原理

从抗震角度讲，砌体房屋的平面和立面最好是矩形的。由于使用要求，房屋必须做成复杂体型时，应采用防震缝将复杂体型分割成若干规正、简单体型的组合，以避免地震时房屋各部分由于振动不谐调而产生破坏。

防震缝宽度的确定应考虑发生垂直于防震缝方向振动时，由于相邻两部分振动不谐调产生的碰撞，并根据烈度和房屋高度的不同，采用50～100mm。对于地震区房屋设置的沉降缝和伸缩缝，为了避免地震时可能在缝隙处产生碰撞，其宽度一律按防震缝的宽度要求设置。

带半地下室砌体房屋的嵌固端可根据半地下室埋入深度和嵌固条件确定，带全地下室砌体房屋的嵌固端位于地下室顶板处。

8.2　问题解答

8.2.1　结构建模时是否一定要输入圈梁，输入与不输入有何区别？

结构建模可不输入圈梁，计算结构自重时没有从墙体体积中

扣除掉圈梁所占体积，也没有计入圈梁重量，所以，输入与不输入圈梁对结构计算没有任何影响。

8.2.2 执行完 PMCAD 主菜单②又回到 PMCAD 主菜单①增加墙体，应该注意什么？

在 PMCAD 主菜单①PM 交互式数据输入中完成某一建筑建模后，执行 PMCAD 主菜单②输入次梁楼板，程序弹出如图 8-1 所示的菜单：

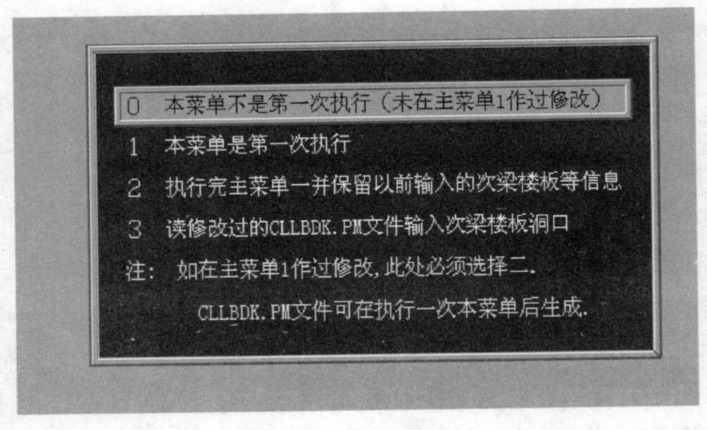

图 8-1 PMCAD 次梁楼板输入前处理菜单

由于是第一次执行本菜单，选择 1. 本菜单是第一次执行，接着程序提示选择布置次梁楼板的标准层号，然后，弹出如图8-2所示的对话框：

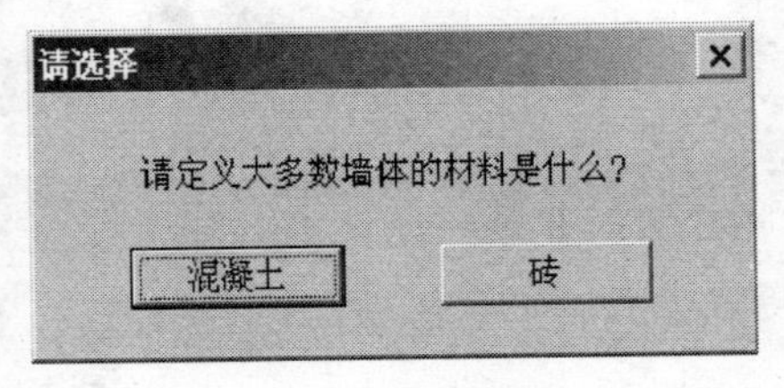

图 8-2 材料选择对话框

选择混凝土或砖为所有输入的墙体设定同一材料，对需要改变材料特性的少数墙体，可通过点取“改墙材料”屏幕菜单，修改材料特性。

如果由于某种原因需要增加新墙体，在 PMCAD 主菜单①中输入新墙体，程序内定所有新增墙体的缺省材料与本层原有大多数墙体材料相同，当再次执行 PMCAD 主菜单②时，在图 8-1 所示的菜单中应选择 2. 执行完主菜单一并保留以前输入的次梁楼板等信息，选择完布置次梁楼板的标准层号后，程序不再出现图 8-2 所示的对话框，即不再重新设定墙体材料。

如果新增墙体的材料与本层原有大多数墙体材料不同，如在底框部分增加砌体抗震墙或采用组合结构在砌体部分增加混凝土抗震墙，一定要通过点取“改墙材料”屏幕菜单，修改墙体的缺省材料，否则，在结构计算时，程序将新增墙体的材料特性取为本层原有大多数墙体的材料特性。

8.2.3 砌体房屋应在什么情况下设置防震缝？

根据《抗震规范》7.1.7 条规定，复杂体型砌体房屋在下列情况下宜设防震缝，缝两侧均应设置墙体，缝宽应根据设防烈度和房屋高度确定，可采用 50～100mm：

(1) 房屋立面高差在 6m 以上；

(2) 房屋有错层，且楼板高差较大；

(3) 房屋各部分结构刚度、质量截然不同。

8.2.4 如何计算设置防震缝、伸缩缝和沉降缝的砌体房屋？

《抗震规范》3.4.6 条规定，防震缝应留有足够的宽度，其两侧的上部结构应完全分开，伸缩缝和沉降缝的宽度也应符合防震缝的要求。

防震缝、伸缩缝和沉降缝均将结构分离成两个或多个独立单元，地震时各单元独立振动，结构分析应对各单元分别建模，整体结构分析没有什么意义。

8.2.5　如何计算有错层砌体房屋？

(1) 楼板高差小于 0.5m，结构建模时通过将各层较低楼板提升到较高楼板处，把错层房屋转化为无错层房屋。

(2) 楼板高差大于等于 0.5m，根据《抗震规范》7.1.7 条规定，在错层处应设置防震缝，对缝两侧结构单独计算。

8.2.6　如何计算带裙房的大底盘砌体房屋？

带裙房的大底盘砌体房屋的砌体部分和裙房之间的高差一般都大于 6m，根据《抗震规范》7.1.7 条规定，应设防震缝将底部裙房和砌体房屋分离，对砌体房屋和裙房单独计算。

8.2.7　如何计算多塔砌体房屋？

多塔砌体房屋的各塔和底盘之间的高差一般都大于 6m，根据《抗震规范》7.1.7 条规定，应设防震缝将各塔和底盘分离，对各塔和底盘单独计算。

8.2.8　如何计算带阁楼的坡屋顶砌体房屋？

用平屋顶替代坡屋顶，顶层层高取该层山墙的平均高度，如图 8-3 所示。图中，H 为按平屋顶计算房屋的顶层层高，h 为坡屋顶山尖墙高。

8.2.9　如何计算地基不在同一标高(建在斜坡上)的砌体房屋？

对如图 8-4(a)所示房屋，其水平地震作用应介于由图 8-4(b)和图 8-4(c)所计算的水平地震作用之间。对此类结构，可有两种近似方法选择：

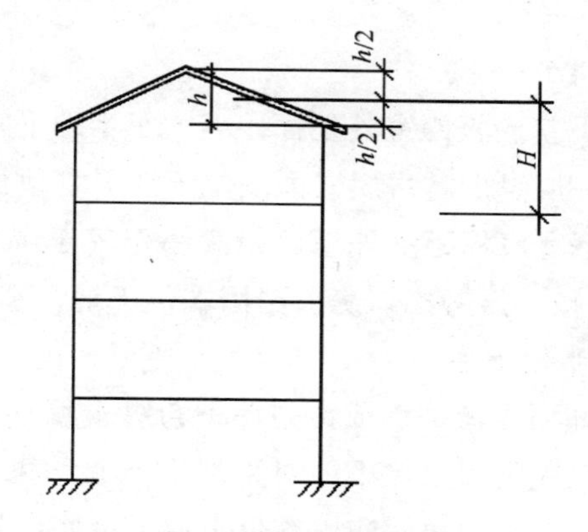

图 8-3　坡屋顶砌体房屋

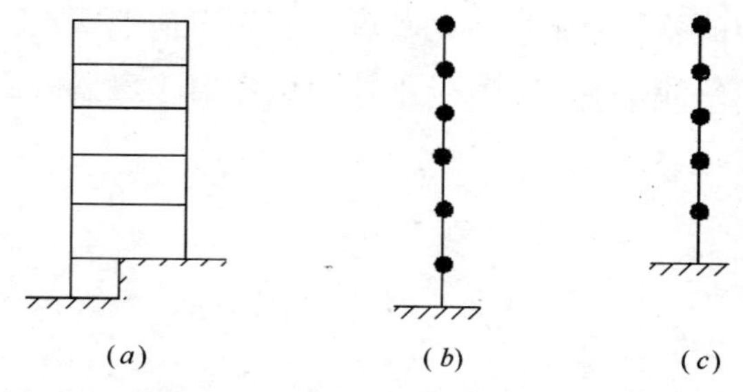

图 8-4　地基不在同一标高(建在斜坡上)的砌体房屋

(1) 保守起见，房屋嵌固端取在地基最低标高处，水平地震作用计算简图如图 8-4(b)所示。

(2) 房屋嵌固端分别取在地基最低标高处和地基最高标高处，按图 8-4(b)和 8-4(c)所示水平地震作用计算简图计算两次，墙体抗震抗剪承载力验算取两次计算结果的平均值。

8.2.10　如何确定带全地下室或半地下室房屋的嵌固端?

(1) 全地下室

全地下室不按一层考虑，房屋嵌固端位于地下室顶板处。

(2) 半地下室[9]

1) 无窗井半地下室

(A) 半地下室底板距室外地面距离大于半地下室净高的1/2，半地下室不按一层考虑，房屋嵌固端位于地下室顶板处。

(B) 半地下室底板距室外地面距离小于等于半地下室净高的1/2，半地下室按一层考虑，房屋嵌固端位于地下室底板处。

2) 设窗井半地下室

(A) 有窗井而无窗井墙或窗井墙不与纵横墙连接，未形成扩大基础的底盘，周围的土体不能对半地下室起约束作用，此时半地下室应按一层考虑，房屋嵌固端位于地下室底板处。

(B) 窗井墙为内横墙的延伸，形成了扩展的半地下室底盘，提高了结构的总体稳定性，此时可以认为半地下室在土体中具有较好的嵌固条件，半地下室可不按一层考虑，房屋嵌固端位于地下室顶板处。

参考资料

1. 中国建筑科学研究院 PKPM CAD 工程部. PMCAD 用户手册及技术条件. 北京：中国建筑科学研究院，2004
2. 中国建筑科学研究院 PKPM CAD 工程部. QIK 用户手册及技术条件. 北京：中国建筑科学研究院，2004
3. 中国建筑科学研究院 PKPM CAD 工程部. GJ 用户手册及技术条件. 北京：中国建筑科学研究院，2004
4. 中国建筑科学研究院 PKPM CAD 工程部. SATWE 用户手册及技术条件. 北京：中国建筑科学研究院，2004
5. 中国建筑科学研究院 PKPM CAD 工程部. TAT 用户手册及技术条件. 北京：中国建筑科学研究院，2004
6. 中华人民共和国国家标准. 砌体结构设计规范（GB 50003—2001）. 北京：中国建筑工业出版社，2002
7. 中华人民共和国国家标准. 建筑抗震设计规范（GB 50011—2001）. 北京：中国建筑工业出版社，2001
8. 唐岱新、龚绍熙、周炳章. 砌体结构设计规范理解与应用. 北京：中国建筑工业出版社，2002
9. 施楚贤、徐建、刘桂秋. 砌体结构设计与计算. 北京：中国建筑工业出版社，2003
10. 高小旺、龚思礼、苏经宇、易方民. 建筑抗震设计规范理解与应用. 北京：中国建筑工业出版社，2002
11. 孙惠镐、王墨耕、李俊民. 小砌块建筑设计与施工. 北京：中国建筑工业出版社，2001